4주 28일
완성

학습 스케줄표

공부한 날짜를 쓰고 학습한 후 부모님·선생님께 확인을 받으세요.

1주

	쪽수	공부한 날	확인
준비	6~9쪽	월 일	확인
1일	10~13쪽	월 일	확인
2일	14~17쪽	월 일	확인
3일	18~21쪽	월 일	확인
4일	22~25쪽	월 일	확인
5일	26~29쪽	월 일	확인
평가	30~33쪽	월 일	확인

2주

	쪽수	공부한 날	확인
준비	36~39쪽	월 일	확인
1일	40~43쪽	월 일	확인
2일	44~47쪽	월 일	확인
3일	48~51쪽	월 일	확인
4일	52~55쪽	월 일	확인
5일	56~59쪽	월 일	확인
평가	60~63쪽	월 일	확인

3주

	쪽수	공부한 날	확인
준비	66~69쪽	월 일	확인
1일	70~73쪽	월 일	확인
2일	74~77쪽	월 일	확인
3일	78~81쪽	월 일	확인
4일	82~85쪽	월 일	확인
5일	86~89쪽	월 일	확인
평가	90~93쪽	월 일	확인

4주

	쪽수	공부한 날	확인
준비	96~99쪽	월 일	확인
1일	100~103쪽	월 일	확인
2일	104~107쪽	월 일	확인
3일	108~111쪽	월 일	확인
4일	112~115쪽	월 일	확인
5일	116~119쪽	월 일	확인
평가	120~123쪽	월 일	확인

**Chunjae
Makes
Chunjae**

▼

기획총괄	박금옥
편집개발	윤경옥, 박초아, 김연정, 김수정
	임희정, 조은영, 이혜지, 최민주
디자인총괄	김희정
표지디자인	윤순미, 김지현, 심지현
내지디자인	박희춘, 우혜림
제작	황성진, 조규영

발행일	2022년 11월 1일 초판 2022년 11월 1일 1쇄
발행인	(주)천재교육
주소	서울시 금천구 가산로9길 54
신고번호	제2001-000018호
고객센터	1577-0902

초등 문해력
독해가
힘이다

6-A 문장제 수학편

주별 Contents «

 1주 분수의 나눗셈

 2주 소수의 나눗셈

3주 비와 비율

 4주 각기둥과 각뿔 / 직육면체의 부피와 겉넓이

이 책의 구성과 특징

요즘 학생들은 책보다 스마트폰에 빠져 있고 모르는 어휘도 많아서 글을 읽고 이해하는 능력, 즉 문해력이 부족한 경우가 많아요.

수학 문제도 3줄이 넘어가면 아이들이 읽기 힘들어 하고 무슨 뜻인지 이해하지 못하는 경우가 많지요. 그래서 수학 문제를 푸는 데에도 **문해력이 필요해요!**

⟨초등문해력 독해가 힘이다 문장제 수학편⟩은
읽고 이해하여 문제해결력을 강화하는 수학 문해력 훈련서입니다.

매일 4쪽씩, 28일 학습으로
자기 주도 학습이 가능 해요.

❮❮ 수학 문해력을 기르는
준비 학습

준비 학습 문해력 기초 다지기
문장제에 적용하기

연산 문제가 어떻게 문장제가 되는지 알아봅니다.

1 1÷7 = ☐ ≫ 1을 똑같이 7로 나눈 것 중의 1은 얼마인지 분수로 나타내 보세요.

식 _____
답 _____

2 12÷13 = ☐ ≫ 흙 12 kg을 화분 13개에 똑같이 나누어 담으려고 합니다.
화분 하나에 담는 흙의 양은 몇 kg인지 분수로 나타내 보세요.

식 _____
답 _____

3 11÷9 = ☐ ≫ 길이가 11 m인 나무 막대를
똑같은 길이로 잘라 9도막을 만들었습니다.
한 도막의 길이는 몇 m인지 분수로 나타내 보세요.

식 _____
답 _____

준비 학습 문해력 기초 다지기
문장 읽고 문제 풀기

간단한 문장제를 풀어 봅니다.

1 길이가 7 m인 끈을 5명에게 똑같이 나누어 주려고 합니다.
한 사람이 가질 수 있는 끈은 몇 m인지 분수로 나타내 보세요.

식 _____
답 _____

2 세탁 세제 $\frac{8}{15}$ L를 계량 스푼으로 16번 가득 담아 모두 덜어낼 수 있습니다.
계량 스푼의 들이는 몇 L인지 기약분수로 나타내 보세요.

식 _____
답 _____

3 리본 $\frac{14}{5}$ m를 남김없이 모두 사용하여 똑같은 꽃 모양을 4개 만들었습니다.
꽃 모양 한 개를 만드는 데 사용한 리본의 길이는 몇 m인지 기약분수로 나타내 보세요.

식 _____
답 _____

● 문장제에 적용하기

연산, 기초 문제가 어떻게 문장제가 되는지
알아봐요.

● 문장 읽고 문제 풀기

이번 주에 풀 문장제 유형의 가장 단순한 문장제
를 풀면서 기초를 다져요.

수학 문해력을 기르는
1일~4일 학습

문제 속 핵심 키워드 찾기 → **해결 전략 세우기** → 전략에 따라 문제 풀기 → 문해력 레벨업 으로 이어지는 학습법

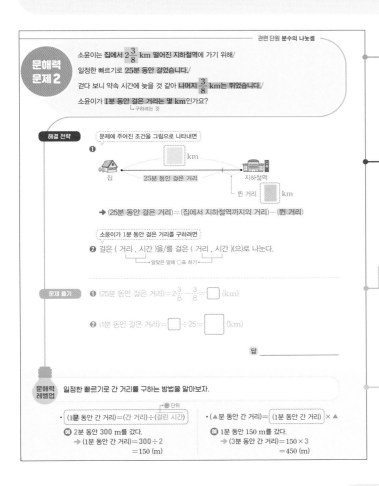

문제 속 핵심 키워드 찾기

문제를 끊어 읽으면서 핵심이 되는 말인 주어진 조건과 구하려는 것을 찾아 표시해요.

해결 전략 세우기

찾은 핵심 키워드를 수학적으로 어떻게 바꾸어 적용해서 문제를 풀지 전략을 세워요.

전략에 따라 문제 풀기

세운 해결 전략 ❶ → ❷ → ❸의 순서에 따라 문제를 풀어요.

 문해력 레벨업 수학 문해력을 한 단계 올려주는 비법 전략을 알려줘요.

문해력 문제의 풀이를 따라
쌍둥이 문제 → 문해력 레벨 1 → 문해력 레벨 2 를
차례로 풀며 수준을 높여가며 훈련해요.

수학 문해력을 기르는
5일 학습

HME 경시 기출 유형 , 수능대비 창의·융합형 문제를 풀면서 수학 문해력 완성하기

1주

분수의 나눗셈

분수의 나눗셈이 필요한 경우는 흔하지 않지만 빵 3개를 2명에게 똑같이 나누어 주는 경우처럼 실생활에서는 그 몫을 분수로 나타내는 것이 적절한 상황이 존재해요. 어떠한 상황에서 분수의 나눗셈이 필요한지 문제를 차근 차근 읽으며 해결해 봐요.

이번 주에 나오는 어휘 & 지식백과

8쪽 **계량 스푼** (計 셀 계, 量 헤아릴 량 + spoon)
수량을 헤아리거나 부피와 무게를 재기 위해 사용하는 도구

11쪽 **패치** (patch)
구멍난 곳을 때우거나 장식용으로 덧대는 조각

16쪽 **치즈** (cheese)
우유 속에 있는 단백질을 응고시킨 식품으로 우리나라는 1958년 벨기에 출신 선교사 지정환 신부에 의해 전라북도 임실에서 생산되기 시작했다.

17쪽 **미니어처** (miniature)
실물과 같은 모양으로 정교하게 만들어진 작은 모형

20쪽 **해저 케이블** (海 바다 해, 底 밑 저 + cable)
전기 통신 신호를 전달하기 위하여 바다 아래에 놓은 선으로 인터넷을 빠른 속도로 연결해 준다. 우리가 국제 전화를 이용해 외국에 있는 친구와 이야기할 수 있는 것은 대부분 바닷속에 전화선을 깔은 해저 케이블 덕분이다.

24쪽 **반도체** (半 반 반, 導 인도할 도, 體 몸 체)
열 또는 전기가 물체 속을 이동하는 정도가 중간 정도인 물질이다.
낮은 온도에서는 거의 전기가 통하지 않으나 높은 온도에서는 전기가 잘 통한다.
반도체는 어떤 특별한 조건하에서만 전기가 통하는 물질이므로 필요에 따라 전기의 흐름을 조절하는 데 사용된다.

문해력 기초 다지기

◐ 연산 문제가 어떻게 문장제가 되는지 알아봅니다.

1 $1 \div 7 = \boxed{}$

» **1**을 똑같이 **7**로 나눈 것 중의 **1**은 얼마인지 분수로 나타내 보세요.

식 $1 \div 7 = \boxed{}$

답   _____

2 $12 \div 13 = \boxed{}$

» 흙 **12 kg**을 화분 **13**개에 똑같이 나누어 담으려고 합니다.
화분 하나에 담는 흙의 양은 몇 **kg**인지 분수로 나타내 보세요.

식   _____

꼭! 단위까지
따라 쓰세요.

답   _____ kg

3 $11 \div 9 = \boxed{}$

» 길이가 **11 m**인 나무 막대를
똑같은 길이로 잘라 **9**도막을 만들었습니다.
한 도막의 길이는 몇 **m**인지 분수로 나타내 보세요.

식   _____

답   _____ m

4 $\dfrac{2}{3} \div 8 = \boxed{}$ ≫ $\dfrac{2}{3}$는 **8**의 **몇 배**인지 기약분수로 나타내 보세요.

식 ___ $\dfrac{2}{3} \div 8 = \boxed{}$

꼭! 단위까지 따라 쓰세요.

답 ___ 배

5 $\dfrac{8}{11} \div 4 = \boxed{}$ ≫ 찰흙 $\dfrac{8}{11}$ **kg**을 **4명**이 똑같이 나누어 가졌습니다.

한 사람이 가진 찰흙은 몇 **kg**인지 기약분수로 나타내 보세요.

식 ___

답 ___ kg

6 $\dfrac{24}{7} \div 3 = \boxed{}$ ≫ 길이가 $\dfrac{24}{7}$ **m**인 철사를

겹치지 않게 모두 사용하여 **정삼각형**을 한 개 만들었습니다.
이 정삼각형의 **한 변의 길이**는 몇 **m**인지 기약분수로 나타내 보세요.

식 ___

답 ___ m

7 $4\dfrac{4}{5} \div 6 = \boxed{}$ ≫ 가로가 **6 cm**이고 넓이가 $4\dfrac{4}{5}$ **cm²**인 **직사각형**이 있습니다.

이 직사각형의 **세로**는 몇 **cm**인지 기약분수로 나타내 보세요.

식 ___

답 ___ cm

공부한 날 월 일

준비
학습

● 간단한 문장제를 풀어 봅니다.

1 길이가 **7 m**인 끈을 **5명**에게 똑같이 나누어 주려고 합니다.
한 사람이 가질 수 있는 끈은 몇 **m**인지 분수로 나타내 보세요.

식 _____   답 _____

2 세탁 세제 $\frac{8}{15}$ **L**를 계량 스푼으로 **16번** 가득 담아 모두 덜어낼 수 있습니다.
※**계량 스푼의 들이는 몇 L**인지 기약분수로 나타내 보세요.

식 _____   답 _____

3 리본 $\frac{14}{5}$ **m**를 남김없이 모두 사용하여 똑같은 꽃 모양을 **4개** 만들었습니다.
꽃 모양 **한 개**를 만드는 데 사용한 리본의 길이는 몇 **m**인지 기약분수로 나타내 보세요.

식 _____   답 _____

문해력 어휘 △

계량 스푼: 수량을 헤아리거나 부피와
무게를 재기 위해 사용하는 도구

4 일정한 빠르기로 **7**분 동안 $\dfrac{21}{4}$ km를 달리는 오토바이가 있습니다.

이 오토바이가 **1**분 동안 달리는 거리는 몇 km인지 기약분수로 나타내 보세요.

식 _____   답 _____

5 $2\dfrac{1}{5}$ km의 거리를 **4**명이 같은 거리씩 이어 달리려고 합니다.

한 사람이 몇 km씩 달려야 하나요?

식 _____   답 _____

6 무게가 같은 수박 **2**개의 무게를 재어보니 $8\dfrac{5}{6}$ kg이었습니다.

수박 **한 개**의 무게는 몇 kg인가요?

식 _____   답 _____

7 넓이가 $4\dfrac{2}{3}$ km²인 땅을 **6**부분으로 똑같이 나누었습니다.

한 부분의 넓이는 몇 km²인지 기약분수로 나타내 보세요.

식 _____   답 _____

수학 문해력 기르기

문해력 문제 1

혜민이는 끈 $\dfrac{13}{4}$ m를 겹치지 않게 모두 사용하여/

크기가 똑같은 정삼각형 2개를 만들었습니다./

이 정삼각형의 한 변의 길이는 몇 m인가요?
└ 구하려는 것

해결 전략

정삼각형 1개의 둘레를 구하려면

❶ (전체 끈의 길이)÷ ▢ 를 구한 후

정삼각형의 한 변의 길이를 구하려면

❷ 정삼각형은 세 변의 길이가 같으므로

(정삼각형 1개의 둘레)÷ ▢ 으로 구한다.
└ ❶에서 구한 수

 문해력 핵심

정삼각형 2개의 둘레의 합이 전체 끈의 길이와 같아요!

△ △

문제 풀기

❶ (정삼각형 1개의 둘레)= $\dfrac{13}{4}$ ÷ ▢

$= \dfrac{13}{4} \times \dfrac{1}{▢} = \dfrac{▢}{8}$ (m)

÷(자연수)를 × $\dfrac{1}{(자연수)}$ 로 나타내 계산할 수 있어.

❷ (정삼각형의 한 변의 길이)= $\dfrac{▢}{8}$ ÷ ▢ $= \dfrac{▢}{8} \times \dfrac{1}{3} = ▢$ (m)

답 _____

문해력 레벨업

주어진 조건을 파악하여 도형의 한 변의 길이를 구하자.

정다각형의 둘레를 이용하여 한 변의 길이 구하기

정다각형은 모든 변의 길이가 같다.
➡ (정■각형의 한 변의 길이)
  =(정■각형의 둘레)÷■
          └ 변의 수
예 둘레가 16 cm인 정사각형의 한 변의 길이
  ➡ 16÷**4**=4 (cm)

넓이를 이용하여 한 변의 길이 구하기

(직사각형의 넓이)=(가로)×(세로)
➡ (세로)=(직사각형의 넓이)÷(가로)

예 가로가 5 cm이고 넓이가 20 cm²인 직사각형의 세로
  ➡ (세로)=20÷5=4 (cm)

쌍둥이 문제

1-1 경철이는 끈 $\dfrac{17}{3}$ m를 겹치지 않게 모두 사용하여/ 크기가 똑같은 정삼각형 3개를 만들었습니다./ 이 정삼각형의 한 변의 길이는 몇 m인가요?

따라 풀기 ❶

❷

답 _____

문해력 레벨 1

1-2 수진이는 철사 $7\dfrac{1}{2}$ m를 겹치지 않게 모두 사용하여/ 크기가 똑같은 정육각형 5개를 만들었습니다./ 이 정육각형의 한 변의 길이는 몇 m인지 기약분수로 나타내 보세요.

스스로 풀기 ❶

❷

답 _____

문해력 레벨 2

1-3 가로가 4 cm이고/ 넓이가 $9\dfrac{4}{5}$ cm²인 직사각형 모양 조각※ 패치가 있습니다./ 이 패치의 둘레는 몇 cm인지 기약분수로 나타내 보세요.

스스로 풀기 ❶ 패치의 세로를 구하자.

4 cm

문해력 어휘 📖
패치: 구멍난 곳을 때우거나 장식용으로 덧대는 조각

❷ 패치의 둘레를 구하자.

답 _____

수학 문해력 기르기

문해력 문제 2

소윤이는 집에서 $2\frac{3}{8}$ km 떨어진 지하철역에 가기 위해/

일정한 빠르기로 25분 동안 걸었습니다./

걷다 보니 약속 시간에 늦을 것 같아 나머지 $\frac{3}{8}$ km는 뛰었습니다./

소윤이가 1분 동안 걸은 거리는 몇 km인가요?

└ 구하려는 것

해결 전략

문제에 주어진 조건을 그림으로 나타내면

❶

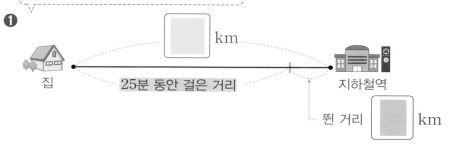

집 25분 동안 걸은 거리 지하철역

└ 뛴 거리 km

➡ (25분 동안 걸은 거리)=(집에서 지하철역까지의 거리)−(뛴 거리)

소윤이가 1분 동안 걸은 거리를 구하려면

❷ 걸은 (거리 , 시간)을/를 걸은 (거리 , 시간)(으)로 나눈다.

└─ 알맞은 말에 ○표 하기 ─┘

문제 풀기

❶ (25분 동안 걸은 거리)=$2\frac{3}{8}-\frac{3}{8}=$ ☐ (km)

❷ (1분 동안 걸은 거리)= ☐ ÷25= ☐ (km)

답 _____

문해력 레벨업

일정한 빠르기로 간 거리를 구하는 방법을 알아보자.

┌ 분 단위

• (1분 동안 간 거리)=(간 거리)÷(걸린 시간)

예 2분 동안 **300** m를 갔다.
➡ (1분 동안 간 거리)=**300**÷**2**
=150 (m)

• (▲분 동안 간 거리)= (1분 동안 간 거리) ×▲

예 1분 동안 150 m를 갔다.
➡ (3분 동안 간 거리)=150×3
=450 (m)

쌍둥이 문제

2-1 미현이는 학교에서 $1\dfrac{2}{5}$ km 떨어진 영화관에 가기 위해/ 일정한 빠르기로 12분 동안 걸었습니다./ 걷다 보니 만화 영화 상영 시간에 늦을 것 같아 나머지 $\dfrac{2}{5}$ km는 뛰었습니다./ 미현이가 1분 동안 걸은 거리는 몇 km인가요?

그림 그리기	따라 풀기
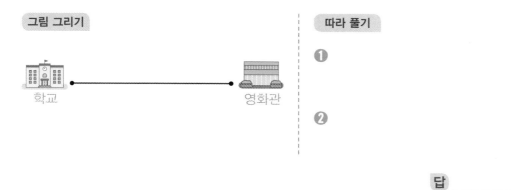 학교　　　　　　영화관	❶ ❷

답 _____

문해력 레벨 1

2-2 유리는 킥보드를 타고 일정한 빠르기로 7분 동안 $2\dfrac{1}{6}$ km를 달렸습니다./ 킥보드를 타고 공원을 한 바퀴 도는 데 3분이 걸렸다면 공원 한 바퀴는 몇 km인지 기약분수로 나타내 보세요.

스스로 풀기 ❶

❷

답 _____

문해력 레벨 2

2-3 토끼와 말은 젖을 먹고 자란 포유 동물로 둘 다 네 발로 다닙니다./ 둘 다 일정한 빠르기로 토끼는 4분 동안 5 km를,/ 말은 6분 동안 $\dfrac{33}{5}$ km를 갈 때/ 둘 중 더 빠른 동물은 무엇인가요?

출처: ⓒartbesouro/shutterstock

스스로 풀기 ❶ 토끼와 말이 각각 1분 동안 가는 거리를 구하자.

1분 동안 가는 거리가 길수록 더 빨라.

❷ 위 ❶에서 구한 값을 비교하여 둘 중 더 빠른 동물을 구하자.

답 _____

수학 문해력 기르기

문해력 문제 3

민재가 가지고 있는 카드에 적힌 식의/
계산 결과가 가장 작은 자연수가 되도록 만들려고 합니다./
●에 알맞은 자연수를 구하세요.
└ 구하려는 것

 민재

$$\frac{5}{6} \div 10 \times ●$$

해결 전략

계산 결과가 가장 작은 자연수가 되려면

❶ 카드에 적힌 식을 최대한 간단한 분수로 나타낸 후

❷ 위 ❶에서 나타낸 분수의 **분자**가

분모의 (약수 , 배수) 중 가장 작은 수가 되도록 하는 ●를 구한다.

문제 풀기

❶ $\dfrac{5}{6} \div 10 \times ● = \dfrac{5}{6} \times \dfrac{1}{\boxed{}} \times ● = \dfrac{●}{\boxed{}}$

❷ 위 ❶에서 나타낸 분수가 가장 작은 자연수가 되려면

●는 $\boxed{}$ 의 배수 중 가장 작은 수이어야 한다.

➔ ● = $\boxed{}$

답 _____

문해력 레벨업

계산 결과가 자연수가 될 때의 분모와 분자 사이의 관계를 알아보자.

· $\dfrac{▲}{9}$ 가 자연수 ➔ ▲는 9의 배수

　　➔ ▲ = 9, 18, 27, ...

· $\dfrac{▲}{9}$ 가 가장 작은 자연수

➔ ▲는 9의 배수 중 가장 작은 수

➔ ▲ = 9

· $\dfrac{8}{■}$ 이 자연수 ➔ ■는 8의 약수

　　➔ ■ = 1, 2, 4, 8

· $\dfrac{8}{■}$ 이 가장 작은 자연수

➔ ■는 8의 약수 중 가장 큰 수

➔ ■ = 8

쌍둥이 문제

3-1 은우가 가지고 있는 카드에 적힌 식의/ 계산 결과가 가장 작은 자연수가 되도록 만들려고 합니다./ ●에 알맞은 자연수를 구하세요.

은우

$$\frac{4}{7} \div 12 \times \bullet$$

따라 풀기 ❶

❷

답 _____

문해력 레벨 1

3-2 $1\frac{1}{3} \div \bigstar \times 4\frac{1}{2}$의/ 계산 결과가 자연수일 때,/ ★이 될 수 있는 1보다 큰 자연수를 모두 구하세요.

스스로 풀기 ❶

❷

답 _____

문해력 레벨 2

3-3 $\frac{7}{9} \div 14 \times \bullet$와/ $1\frac{4}{5} \div \bigstar \times 6\frac{2}{3}$의/ 계산 결과가 둘 다 가장 작은 자연수가 되도록 만들려고 합니다./ ●와 ★에 알맞은 자연수의 합을 구하세요.

스스로 풀기 ❶ 계산 결과가 가장 작은 자연수가 되는 ●를 구하자.

❷ 계산 결과가 가장 작은 자연수가 되는 ★을 구하자.

❸ 위 ❶, ❷에서 구한 값의 합을 구하자.

답 _____

수학 문해력 기르기

문해력 문제4

먹기 편하게 얇게 썰어 만든 슬라이스 치즈는 우리나라에서 피자 치즈와 함께 많이 소비되고 있는[※]치즈 중 하나입니다./
우진이는 넓이가 64 cm²인 슬라이스 치즈를/
똑같이 3부분으로 나누어 그중 한 조각을 먹었고,/
주원이는 넓이가 85 cm²인 슬라이스 치즈를/
똑같이 4부분으로 나누어 그중 한 조각을 먹었습니다./
치즈를 더 많이 먹은 사람은 누구인가요?
└ 구하려는 것

해결 전략

> 우진이와 주원이가 먹은 치즈의 넓이를 구하려면

❶ (치즈의 넓이)÷(똑같이 나눈 부분의 수)를 구하고,

> 치즈를 더 많이 먹은 사람을 구하려면

❷ 위 ❶에서 구한 넓이 중 더 (큰 , 작은) 수를 찾는다.

📖 문해력 백과

치즈: 우유 속에 있는 단백질을 응고시킨 식품으로 우리나라는 1958년 벨기에 출신 선교사 지 정환 신부에 의해 전라북도 임 실에서 생산되기 시작했다.

문제 풀기

❶ (우진이가 먹은 치즈의 넓이)=64÷□=$\frac{64}{□}$ (cm²)

(주원이가 먹은 치즈의 넓이)=85÷□=$\frac{85}{□}$ (cm²)

❷ $\frac{64}{3}$=$\frac{□}{12}$, $\frac{85}{4}$=$\frac{□}{12}$ ➡ $\frac{64}{3}$ ◯ $\frac{85}{4}$

따라서 치즈를 더 많이 먹은 사람은 □이다.

답 _____

문해력 레벨업

전체 넓이를 똑같이 나눈 부분의 수로 나누어 한 부분의 넓이를 구하자.

전체를 똑같이 나누었을 때

(3부분의 넓이)= (한 부분의 넓이) ×3= (전체 넓이)÷(똑같이 나눈 부분의 수) ×3

예 넓이가 100 cm²인 색종이를 똑같이 4부분으로 나누어 그 중 3조각을 사용했다면 사용한 색종이의 넓이는 (100÷4)×3=25×3=75 (cm²)이다.

쌍둥이 문제

4-1 서준이와 지안이는 각자 가지고 있는 종이를 똑같은 넓이로 나눈 후/ 크레파스로 색칠을 했습니다./ 초록색을 칠한 부분이 더 넓은 사람은 누구인가요?

넓이가 18 cm²인 종이에/ 빨강, 주황, 노랑, 초록, 파랑 5가지 색을/ 똑같은 넓이로 나누어 색칠했어.

서준

넓이가 26 cm²인 종이에/ 빨강, 주황, 노랑, 초록, 파랑, 남색, 보라 7가지 색을/ 똑같은 넓이로 나누어 색칠했어.

지안

따라 풀기 ❶

❷

답 _____

문해력 레벨 1

4-2 넓이가 11 m²인 꽃밭을 6등분 하여/ 그중 2부분에 장미를 심었고,/ 넓이가 13 m²인 텃밭을 8등분 하여/ 그중 3부분에 상추를 심었습니다./ 장미와 상추 중 심은 부분이 더 넓은 것은 어느 것인가요?

스스로 풀기 ❶

❷

답 _____

문해력 레벨 2

4-3 건축물※미니어처를 만드는 데 넓이가 $3\frac{2}{3}$ m²인 바닥면을 11등분 하여/ 그중 5부분은 집으로,/ 나머지는 마당으로 만들었습니다./ 마당으로 만든 부분의 $\frac{5}{16}$에 연못을 만들었다면/ 연못의 넓이는 몇 m²인지 기약분수로 나타내 보세요.

스스로 풀기 ❶ 바닥면에서 마당이 차지하는 부분의 넓이를 구하자.

문해력 어휘 📖

미니어처: 실물과 같은 모양으로 정교하게 만들어진 작은 모형

출처: ⓒKonstantin Rodchanin/ shutterstock

❷ 연못의 넓이를 구하자.

답 _____

2일

수학 문해력 기르기

관련 단원 분수의 나눗셈

문해력 문제 5

3장의 수 카드 7 , 2 , 4 를 모두 한 번씩 사용하여/
(진분수)÷(자연수)의 나눗셈을 만들려고 합니다./
계산 결과가 가장 클 때의 몫을 기약분수로 나타내 보세요.
└─ 구하려는 것

해결 전략

❶ 수 카드의 수의 크기를 비교한 후

┌ 계산 결과가 가장 큰 (진분수)÷(자연수)의 몫을 구하려면 ┐

❷ 나누는 수인 **자연수** 자리에 가장 (큰 , 작은) 수를 놓고,
나머지 두 수로 **진분수**를 만들어 계산한다.

문제 풀기

❶ 수 카드의 수를 비교하면 ☐ < ☐ < ☐ 이다.

❷ 계산 결과가 가장 큰 (진분수)÷(자연수)의 나눗셈을 만들어 몫 구하기
나누는 수인 자연수는 가장 작은 수 ☐ 로,

나누어지는 수인 진분수는 나머지 두 수 ☐ , ☐ 로 만들어 계산한다.

→ $\dfrac{\boxed{}}{7} \div \boxed{} = \dfrac{\boxed{}}{7}$

답 _____

문해력 레벨업

계산 결과의 크기에 따라 나누는 수와 나누어지는 수의 크기를 다르게 정하자.

┌ (분수)÷(자연수)의 계산 결과가 가장 크려면 ┐

나누는 수인 자연수는 가장 작고,
나누어지는 수인 분수는 가장 커야 한다.

분수 ↑ ÷ 자연수 ↓

┌ (분수)÷(자연수)의 계산 결과가 가장 작으려면 ┐

나누는 수인 자연수는 가장 크고,
나누어지는 수인 분수는 가장 작아야 한다.

분수 ↓ ÷ 자연수 ↑

쌍둥이 문제

5-1 3장의 수 카드 5 , 3 , 6 을 모두 한 번씩 사용하여/ (진분수)÷(자연수)의 나눗셈을 만들려고 합니다./ 계산 결과가 가장 클 때의 몫을 구하세요.

따라 풀기 ❶

❷

답 _____

문해력 레벨 1

5-2 3장의 수 카드 7 , 9 , 8 을 모두 한 번씩 사용하여/ (가분수)÷(자연수)의 나눗셈을 만들려고 합니다./ 계산 결과가 가장 작을 때의 몫을 구하세요.

스스로 풀기 ❶

❷ 계산 결과가 가장 작은 (가분수)÷(자연수)의 나눗셈을 만들어 몫을 구하자.

답 _____

문해력 레벨 2

5-3 공에 적힌 4개의 수를 모두 한 번씩 사용하여/ (대분수)÷(자연수)의 나눗셈을 만들려고 합니다./ 계산 결과가 가장 클 때의 몫을 구하세요.

③ ② ⑧ ⑦

스스로 풀기 ❶ 공에 적힌 수를 비교하자.

❷ 계산 결과가 가장 큰 (대분수)÷(자연수)의 나눗셈을 만들어 몫을 구하자.

답 _____

수학 문해력 기르기

문해력 문제6

연우는 길이가 25 cm인 색 테이프를 8조각으로 똑같이 나누어/

그중 6조각을 $\frac{3}{4}$ cm씩 겹치게 한 줄로 이어 붙여*해저 케이블을 표현했습니다./

이어 붙인 전체 길이는 몇 cm인지 구하세요.
└ 구하려는 것

해결 전략

┌ 색 테이프 6조각의 길이의 합을 구하려면 ┐

❶ (한 조각의 길이)＝(전체 색 테이프의 길이)÷(나눈 조각의 수)를 이용하여
(한 조각의 길이)×☐ 을 구한다.

📖 문해력 백과

해저 케이블: 전기 통신 신호를 전달하기 위하여 바다 아래에 놓은 선으로 인터넷을 빠른 속도로 연결해 준다.

┌ 겹치는 부분의 길이의 합을 구하려면 ┐

❷ (겹친 한 부분의 길이)×(겹치는 부분의 수)를 구한다.

┌ 이어 붙인 전체 길이를 구하려면 ┐

❸ 6조각의 길이의 합에서 겹치는 부분의 길이의 합을 (더한다 , 뺀다).
└ ❶에서 구한 수   └ ❷에서 구한 수

문제 풀기

❶ (색 테이프 한 조각의 길이)＝25÷☐＝$\frac{25}{☐}$ (cm)

➡ (6조각의 길이의 합)＝$\frac{25}{8}$×$\overset{3}{\cancel{6}}$＝$\frac{75}{☐}$＝☐$\frac{3}{4}$ (cm)

🎓 문해력 핵심

(겹치는 부분의 수)
＝(색 테이프의 수)－1

예   색 테이프 3조각

겹치는 부분 2군데

❷ 색 테이프가 겹치는 부분은 6－1＝☐(군데)이다.

➡ (겹치는 부분의 길이의 합)＝$\frac{3}{4}$×5＝$\frac{☐}{4}$＝☐$\frac{3}{4}$ (cm)

❸ (이어 붙인 전체 길이)＝☐$\frac{3}{4}$－☐$\frac{3}{4}$＝☐ (cm)

답 ＿＿＿＿＿＿＿＿

💡 **문해력 레벨업**

이어 붙인 전체 길이, 색 테이프의 길이의 합, 겹치는 부분의 길이의 합 사이의 관계를 이용하자.

➡ (이어 붙인 전체 길이)
＝(색 테이프의 길이의 합)－(겹치는 부분의 길이의 합)

쌍둥이 문제

6-1 기린의 목을 표현하기 위해/ 길이가 32 cm인 색 테이프를 5조각으로 똑같이 나누어/ 그중 4조각을 $1\frac{4}{5}$ cm씩 겹치게 한 줄로 이어 붙였습니다./ 이어 붙인 전체 길이는 몇 cm인가요?

따라 풀기 ❶

❷

❸

답 _____

문해력 레벨 1

6-2 길이가 같은 색 테이프 10조각을/ $1\frac{2}{5}$ cm씩 겹치게 한 줄로 이어 붙였습니다./ 이어 붙인 전체 길이가 $30\frac{1}{5}$ cm가 되었다면/ 색 테이프 한 조각의 길이는 몇 cm인지 기약분수로 나타내 보세요.

스스로 풀기 ❶ 겹치는 부분의 길이의 합을 구하자.

❷ 색 테이프 10조각의 길이의 합을 구하자.

❸ 색 테이프 한 조각의 길이를 구하자.

답 _____

3일

21

수학 문해력 기르기

문해력 문제 7

한 통의 들이가 $\frac{7}{2}$ L인 통 6개에 매실액이 가득 담겨 있습니다./

이 매실액을 남김없이 유리병 15개에 똑같이 나누어 담을 때/

유리병 한 개에 담는 매실액은 몇 L인지 기약분수로 나타내 보세요.

└ 구하려는 것

해결 전략

전체 매실액의 양을 구하려면

❶ (한 통에 들어 있는 매실액의 양)×(통 수)를 구하고

유리병 한 개에 담는 매실액의 양을 구하려면

· +, −, ×, ÷ 중 알맞은 것 쓰기

❷ (전체 매실액의 양) ◯ (유리병의 수)를 구한다.

└ ❶에서 구한 양

문해력 핵심

한 통의 들이가 $\frac{7}{2}$ L인 통에 매실액이 가득 담겨 있으므로 한 통에 들어 있는 매실액은 $\frac{7}{2}$ L야.

문제 풀기

❶ (전체 매실액의 양)= ☐ ×6= ☐ (L)

❷ (유리병 한 개에 담는 매실액의 양)

= ☐ ÷15= $\frac{\boxed{}}{15}$ = $\frac{\boxed{}}{5}$ = $\frac{\boxed{}}{5}$ (L)

답 _____

문해력 레벨업

먼저 전체의 양을 구한 후 하나의 양을 구하자.

◉ 한 상자에 6개씩 5상자에 들어 있는 빵을 3접시에 똑같이 나누어 담을 때

└ (전체 빵의 수)=6×5=30(개)

➡ (한 접시에 담는 빵의 수)=30÷3=10(개)

◉ 똑같은 지우개 20개가 들어 있는 상자의 무게가 345 g이고, 상자만의 무게가 5 g일 때

└ (지우개 20개의 무게)=345−5=340 (g)

➡ (지우개 한 개의 무게)=340÷20=17 (g)

쌍둥이 문제

7-1 오늘 아침에 목장에서 한 통의 들이가 $3\frac{1}{4}$ L인 통 5개에 우유를 가득 차게 짰습니다./ 이 우유를 남김없이※ 페트병 13개에 똑같이 나누어 담을 때/ 페트병 한 개에 담는 우유는 몇 L인지 기약분수로 나타내 보세요.

따라 풀기 ❶

문해력 백과 📕

페트병: 음료를 담는 일회용 병. 폴리에틸렌을 원료로 하여 만든 것으로 가볍고 깨지지 않는 특성이 있다.

❷

답 _____

문해력 레벨 1

7-2 검은색 페인트 $\frac{19}{32}$ L와 흰색 페인트 $\frac{15}{8}$ L를 섞어서 회색 페인트를 만들었습니다./ 이 회색 페인트를 남김없이 3통에 똑같이 나누어 담을 때/ 한 통에 담는 회색 페인트는 몇 L인가요?

스스로 풀기 ❶

❷

답 _____

문해력 레벨 2

7-3 무게가 똑같은 음료수 캔 16개가 담긴 상자의 무게가 $11\frac{1}{25}$ kg입니다./ 상자만의 무게가 $\frac{4}{25}$ kg이라면/ 음료수 캔 1개의 무게는 몇 kg인지 기약분수로 나타내 보세요.

스스로 풀기 ❶ 음료수 캔 16개의 무게를 구하자.

❷ 음료수 캔 1개의 무게를 구하자.

답 _____

수학 문해력 기르기

관련 단원 분수의 나눗셈

문해력 문제8

어느 회사에서 ※반도체 생산 일정을 짜려고 합니다. /
필요한 양의 반도체를 생산하는 데 A 공장에서는 8일이 걸리고, /
B 공장에서는 24일이 걸립니다. /
공장에서 하루에 생산하는 반도체의 양은 각각 일정하다고 할 때 /
A와 B 두 공장에서 함께 반도체를 생산한다면 /
며칠 만에 필요한 양의 반도체를 모두 생산할 수 있는지 구하세요.
└ 구하려는 것

출처: ⓒTatiana Popova /Shutterstock

해결 전략

필요한 전체 양을 1이라 하여 A, B 공장에서 각각 하루에 생산하는 양을 구하려면

❶ (필요한 전체 양)÷(걸리는 날수)를 각각 구한 후

필요한 전체 양을 **1**로 놓고 생각해.

두 공장에서 함께 하루에 생산하는 양을 구하려면

❷ 위 ❶에서 구한 두 양을 (더한다 , 뺀다).

두 공장에서 함께 생산하는 데 걸리는 날수를 구하려면

❸ 위 ❷에서 구한 양에 얼마를 곱해야 필요한 전체 양 □ 이 되는지 구한다.

문제 풀기

❶ (A 공장에서 하루에 생산하는 양) $= 1 \div 8 = \dfrac{1}{8}$

(B 공장에서 하루에 생산하는 양) $= 1 \div 24 = $ □

문해력 어휘

반도체: 열 또는 전기가 물체 속을 이동하는 정도가 중간 정도인 물질

❷ (두 공장에서 함께 하루에 생산하는 양) $= \dfrac{1}{8} + $ □ $= \dfrac{□}{24} = \dfrac{1}{□}$

❸ $\dfrac{1}{6} \times$ □ $= 1$이므로 두 공장에서 함께 생산한다면 □ 일 만에 모두 생산할 수 있다.

답 _____

문해력 레벨업

하루에 하는 일의 양과 일을 끝내는 데 걸리는 날수를 구하자.

예

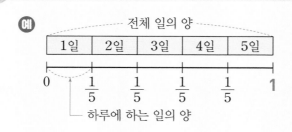

전체 일의 양

| 1일 | 2일 | 3일 | 4일 | 5일 |

0    $\dfrac{1}{5}$ $\dfrac{1}{5}$ $\dfrac{1}{5}$ $\dfrac{1}{5}$ 1

└ 하루에 하는 일의 양

• 어떤 일을 모두 하는 데 **5일**이 걸릴 때
  (하루에 하는 일의 양) $= 1 \div 5 = \dfrac{1}{5}$ 이다.

• 하루에 하는 일의 양이 전체의 $\dfrac{1}{5}$ 일 때
  $\dfrac{1}{5} \times 5 = 1$이므로 일을 끝내는 데 **5일**이 걸린다.

• 정답과 해설 **5쪽**

🎓 복습책 8쪽에 유사, 심화문제 제공

쌍둥이 문제

8-1 도서관에서 책을 정리하여※라벨을 모두 붙이는 데 민주는 4일이 걸리고,/ 영수는 12일이 걸립니다./ 한 사람이 하루에 하는 일의 양은 각각 일정하다고 할 때/ 두 사람이 함께 일을 한다면/ 며칠 만에 라벨을 모두 붙일 수 있는지 구하세요.

따라 풀기 ❶

문해력 어휘 📖

라벨(Label): 분류를 하기 위해 붙이는 조각

❷

❸

답 _____

문해력 레벨 1

8-2 기계 한 대로 전체 주문량의 $\frac{7}{8}$을 만드는 데 14일이 걸립니다./ 기계가 하루에 하는 일의 양은 일정하다고 할 때/ 기계 한 대로 전체 주문량을 다 만드는 데 며칠이 걸리는지 구하세요.

스스로 풀기 ❶

❷

답 _____

문해력 레벨 2

8-3 잡초를 모두 뽑는 데 경서와 지후가 함께 하면 10시간이 걸리고,/ 지후가 혼자 하면 전체의 $\frac{1}{5}$을 뽑는 데 6시간이 걸립니다./ 한 사람이 한 시간에 하는 일의 양은 각각 일정하다고 할 때/ 경서가 혼자 잡초를 모두 뽑는다면 몇 시간이 걸리는지 구하세요.

스스로 풀기 ❶ 두 사람이 함께 한 시간에 하는 일의 양과 지후가 한 시간에 하는 일의 양을 각각 구하자.

❷ 위 ❶에서 구한 값을 이용하여 경서가 한 시간에 하는 일의 양을 구하자.

❸ 경서가 혼자 잡초를 모두 뽑을 때 걸리는 시간을 구하자.

답 _____

4일

수학 문해력 완성하기

관련 단원 분수의 나눗셈

기출 1
㉠과 ㉡이 1보다 크고 10보다 작은 자연수일 때,/ 주어진 식의 계산 결과가 자연수가 되는/ (㉠, ㉡)은 모두 몇 쌍인가요?

$$\frac{3}{4} \times ㉠ \div ㉡$$

해결 전략

예 $\frac{2}{5} \times ● \div ★$의 계산 결과가 자연수가 되는 경우 구하기

$\frac{2}{5} \times ● \div ★ = \frac{2}{5} \times ● \times \frac{1}{★} = \frac{2}{5} \times \frac{●}{★}$가 자연수

→ ●는 5의 배수이고, ★은 ●에 5의 배수를 넣었을 때 자연수가 되도록 만족하는 수이다.

※21년 상반기 21번 기출 유형

문제 풀기

❶ 나눗셈을 곱셈으로 나타내 주어진 식을 간단히 하기

$\frac{3}{4} \times ㉠ \div ㉡ = $ _____

❷ 위 ❶에서 간단히 나타낸 식이 자연수가 되도록 ㉠과 ㉡에 알맞은 수 구하기

㉠과 ㉡이 1보다 크고 10보다 작은 자연수일 때,

$\frac{3}{4} \times \frac{㉠}{㉡}$이 자연수가 되려면 ㉠은 4의 배수인 □, □ 중 하나이어야 한다.

(1) ㉠=4인 경우 $\frac{3}{4} \times \frac{㉠}{㉡} = \frac{3}{4} \times \frac{4}{㉡} = \frac{3}{㉡}$이므로 ㉡=□이다.

(2) ㉠=8인 경우 $\frac{3}{4} \times \frac{㉠}{㉡} = $ _____

❸ 주어진 식의 계산 결과가 자연수가 되는 (㉠, ㉡) 구하기

(㉠, ㉡)은 (4, □), (8, 2), (8, □), (□, □)으로 모두 □쌍이다.

답 _____

🎓 복습책 9~10쪽에 유사, 심화문제 제공

― 관련 단원 분수의 나눗셈

기출 2 수직선 위에 있는 4개의 수를/ 작은 수부터 순서대로 ㉠, ㉡, ㉢, ㉣이라 할 때,/ 다음을 만족하는 ㉢을 구하세요.

$$㉠=2\frac{1}{5} \qquad ㉣=7\frac{4}{5}$$
$$㉡-㉠=㉣-㉡$$
$$㉢-㉡=㉣-㉢$$

해결 전략

• ㉡-㉠=㉣-㉡ ➡ ㉠과 ㉡ 사이의 간격은 ㉡과 ㉣ 사이의 간격과 같다.
• ㉢-㉡=㉣-㉢ ➡ ㉡과 ㉢ 사이의 간격은 ㉢과 ㉣ 사이의 간격과 같다.

※20년 상반기 22번 기출 유형

문제 풀기

❶ ㉠~㉣ 사이의 간격을 그림으로 나타내 알아보기

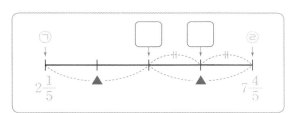

㉡-㉠=㉣-㉡이므로 ㉠과 ㉡ 사이의 간격은 ㉡과 ☐ 사이의 간격과 같고,

㉢-㉡=㉣-㉢이므로 ㉡과 ㉢ 사이의 간격은 ㉢과 ☐ 사이의 간격과 같다.

❷ ㉠과 ㉣ 사이의 간격 구하기

(㉠과 ㉣ 사이의 간격)=

❸ 위 ❶의 그림과 ㉠과 ㉢ 사이의 간격을 이용하여 ㉢ 구하기

(㉠과 ㉢ 사이의 간격)=(㉠과 ㉣ 사이의 간격)÷4×3=

➡ ㉢=㉠+(㉠과 ㉢ 사이의 간격)=$2\frac{1}{5}$+☐=☐

답 _____

수학 문해력 완성하기

융합 3 어느 자동차 회사에서 자율주행 자동차를 만들어 시범 운영을 하였습니다./ 일정한 빠르기로 '어디나'는 연료 5 L로 $\dfrac{605}{4}$ km를 갈 수 있고,/ '스스로'는 연료 8 L로 $\dfrac{592}{3}$ km를 갈 수 있습니다./ 두 자동차가 그림과 같이 움직였을 때/ 간 거리의 합은 몇 km인지 구하세요.

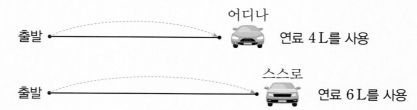

어디나
출발 → 연료 4 L를 사용

스스로
출발 → 연료 6 L를 사용

해결 전략

(1 L로 갈 수 있는 거리)
=(간 거리)÷(사용한 연료의 양) (연료 ● L를 사용하여 간 거리)
=(1 L로 갈 수 있는 거리)×●

문제 풀기

❶ '어디나'와 '스스로'가 연료 1 L로 갈 수 있는 거리를 각각 구하기

('어디나'가 연료 1 L로 갈 수 있는 거리)=$\dfrac{605}{4}$÷5=

('스스로'가 연료 1 L로 갈 수 있는 거리)=

❷ 그림과 같이 움직였을 때 '어디나'와 '스스로'가 간 거리를 각각 구하기

('어디나'가 연료 4 L를 사용하여 간 거리)=

('스스로'가 연료 6 L를 사용하여 간 거리)=

❸ 위 ❷에서 구한 거리로 두 자동차가 간 거리의 합 구하기

답 _____

관련 단원 분수의 나눗셈

창의 4 |보기|의 식에서 규칙을 찾아 $\left(\dfrac{1}{20}+\dfrac{1}{30}+\dfrac{1}{42}\right)\div 3$을 간단하게 나타내 계산해 보세요.

|보기|

· $\dfrac{1}{6}=\dfrac{1}{2\times 3}=\dfrac{1}{2}-\dfrac{1}{3}$　　· $\dfrac{1}{12}=\dfrac{1}{3\times 4}=\dfrac{1}{3}-\dfrac{1}{4}$　　· $\dfrac{1}{20}=\dfrac{1}{4\times 5}=\dfrac{1}{4}-\dfrac{1}{5}$

해결 전략

$6=2\times 3$, $12=3\times 4$, $20=4\times 5$, ...와 같이 연속된 두 수의 곱으로 나타낼 수 있는 수를 분모로 하는 단위분수는 단위분수의 차로 나타낼 수 있다.

$$\dfrac{1}{\blacksquare\times(\blacksquare+1)}=\dfrac{1}{\blacksquare}-\dfrac{1}{\blacksquare+1}$$

문제 풀기

❶ |보기|의 식에서 규칙 찾기

분모가 연속된 두 수의 곱인 단위분수는 단위분수의 (합 , 차)(으)로 나타낼 수 있다.

❷ $\dfrac{1}{20}$, $\dfrac{1}{30}$, $\dfrac{1}{42}$을 |보기|의 규칙에 따라 나타내 보기

$\dfrac{1}{20}=\dfrac{1}{4\times 5}=\dfrac{1}{4}-\dfrac{1}{5}$,

$\dfrac{1}{30}=\dfrac{1}{5\times \boxed{}}=\dfrac{1}{5}-\dfrac{1}{\boxed{}}$,

$\dfrac{1}{42}=\dfrac{1}{\boxed{}\times\boxed{}}=\dfrac{1}{\boxed{}}-\dfrac{1}{\boxed{}}$

❸ 위 ❷에서 나타낸 것을 이용하여 $\left(\dfrac{1}{20}+\dfrac{1}{30}+\dfrac{1}{42}\right)\div 3$을 계산하기

$\left(\dfrac{1}{20}+\dfrac{1}{30}+\dfrac{1}{42}\right)\div 3=\left(\dfrac{1}{4}-\dfrac{1}{5}+\dfrac{1}{5}-\dfrac{1}{\boxed{}}+\dfrac{1}{\boxed{}}-\dfrac{1}{\boxed{}}\right)\div 3$

$=\left(\dfrac{1}{4}-\dfrac{1}{\boxed{}}\right)\div 3=\left(\dfrac{7}{28}-\dfrac{\boxed{}}{}\right)\div 3=\dfrac{\boxed{}}{28}\div 3=\dfrac{\boxed{}}{28}$

답 _____

수학 문해력 평가하기

문제를 읽고 조건을 표시하면서 풀어 봅니다.

10쪽 문해력 1

1 민성이는 끈 $\frac{15}{11}$ m를 겹치지 않게 모두 사용하여 크기가 똑같은 정사각형 2개를 만들었습니다. 이 정사각형의 한 변의 길이는 몇 m인가요?

풀이

답 _____

14쪽 문해력 3

2 $\frac{2}{5} \div 8 \times$ ●의 계산 결과가 가장 작은 자연수가 되도록 만들려고 합니다. ●에 알맞은 자연수를 구하세요.

풀이

답 _____

18쪽 문해력 5

3 3장의 수 카드 4 , 9 , 5 를 모두 한 번씩 사용하여 (진분수)÷(자연수)의 나눗셈을 만들려고 합니다. 계산 결과가 가장 클 때의 몫을 구하세요.

풀이

답 _____

12쪽 문해력 2

4 경완이는 집에서 $3\frac{2}{7}$ km 떨어진 도서관에 책을 반납하러 가기 위해 일정한 빠르기로 33분 동안 걸었습니다. 걷다 보니 책 반납 시간에 늦을 것 같아 나머지 $\frac{1}{7}$ km는 뛰었습니다. 경완이가 1분 동안 걸은 거리는 몇 km인지 기약분수로 나타내 보세요.

그림 그리기

풀이

답 _____

16쪽 문해력 4

5 A 건물은 넓이가 14 m²인 외벽에 주황색, 보라색, 분홍색을 똑같은 넓이로 나누어 페인트칠을 했고, B 건물은 넓이가 19 m²인 외벽에 연두색, 노란색, 주황색, 초록색을 똑같은 넓이로 나누어 페인트칠을 했습니다. 주황색으로 페인트칠을 한 부분이 더 넓은 건물은 무엇인가요?

풀이

답 _____

22쪽 문해력 7

6 한 통의 들이가 $2\frac{2}{3}$ L인 통 5개에 사과즙이 가득 담겨 있습니다. 이 사과즙을 남김없이 플라스틱 병 8개에 똑같이 나누어 담을 때 플라스틱 병 한 개에 담는 사과즙은 몇 L인지 기약분수로 나타내 보세요.

풀이

답 _____

24쪽 문해력 8

7 식판을 만드는 자동화 설비 기계가 있습니다. 이 기계 한 대로 전체 주문량의 $\frac{4}{5}$를 만드는 데 12일이 걸립니다. 기계가 하루에 하는 일의 양은 일정하다고 할 때 기계 한 대로 전체 주문량을 다 만드는 데 며칠이 걸리는지 구하세요.

풀이

답 _____

16쪽 문해력 4

8 넓이가 15 m²인 꽃밭을 4등분 하여 그중 3부분에 해바라기를 심었고, 넓이가 24 m²인 텃밭을 5등분 하여 그중 2부분에 가지를 심었습니다. 해바라기와 가지 중 심은 부분이 더 넓은 것은 어느 것인가요?

풀이

답 _____

20쪽 문해력 6

9 길이가 17 cm인 색 테이프를 6조각으로 똑같이 나누어 그중 5조각을 $\frac{1}{2}$ cm씩 겹치게 한 줄로 이어 붙였습니다. 이어 붙인 전체 길이는 몇 cm인지 기약분수로 나타내 보세요.

풀이

답 _____

24쪽 문해력 8

10 주문받은 양의 물건을 생산하는 데 A 공장에서는 5일이 걸리고, B 공장에서는 20일이 걸립니다. 공장에서 하루에 생산하는 물건의 양은 각각 일정하다고 할 때 A와 B 두 공장에서 함께 물건을 생산한다면 며칠 만에 주문받은 양의 물건을 모두 생산할 수 있는지 구하세요.

A 공장 　　　B 공장

출처: ⓒlts design/Shutterstock

풀이

답 _____

소수의 나눗셈

우리는 일상생활 속에서 소수를 똑같이 나누는 상황을 자주 경험할 수 있어요. 생활 속에서 접할 수 있는 소수의 나눗셈 문제를 차근차근 읽어보고 '0'과 소수점의 위치에 유의하여 문제를 해결해 봐요.

이번 주에 나오는 어휘 & 지식백과

43쪽 **스프링클러** (sprinkler)

물을 뿌리는 기구로 작물이나 잔디에 물을 주거나 건물 천장에 자동 소화 장치로 사용한다.

43쪽 **키오스크** (kiosk)

주문, 예약, 안내 등이 가능한 소형 컴퓨터

47쪽 **블루투스** (bluetooth)

여러 전자 기기를 선없이 연결해 주는 네트워크 기술

47쪽 **여객기** (旅 나그네 려(여), 客 손 객, 機 틀 기)

손님을 태우고 날개를 이용하여 이동하는 비행기

47쪽 **비행선** (飛 날 비, 行 다닐 행, 船 배 선)

날개 없이 기구 안에 산소보다 가벼운 기체를 넣어 공중을 떠다니는 항공기

51쪽 **탁상시계** (卓 높을 탁, 上 위 상, 時 때 시, 計 셀 계)

책상이나 선반 위에 놓고 사용하는 시계

61쪽 **생태 통로** (生 날 생, 態 모습 태, 通 통할 통, 路 길 로(노))

야생동물이 지나는 길을 인공적으로 만든 것

61쪽 **관목** (灌 물 댈 관, 木 나무 목)

개나리, 무궁화와 같이 키가 작은 나무

문해력 기초 다지기

◐ 연산 문제가 어떻게 문장제가 되는지 알아봅니다.

1 28.7÷7

$$7 \overline{)28.7}$$

 28.7을 **7**로 나눈 **몫**은 얼마인가요?

식   28.7÷7=☐

답

2 39.6÷3

 세제 **39.6 L**를 **3**개의 병에 똑같이 나누어 담았습니다.
병 한 개에 담긴 세제는 몇 **L**인가요?

식

 꼭! 단위까지 따라 쓰세요.

답   L

3 7.65÷5

리본 **7.65 m**를 **5**도막으로 똑같이 나누어 잘랐습니다.
한 도막의 길이는 몇 **m**인가요?

식

답   m

4 1.26 ÷ 9

강아지 자동 급식기는 사료 **1.26 kg**을
9회로 똑같이 나누어 제공합니다.
1회에 제공되는 사료는 몇 **kg**인가요?

식 _____

꼭! 단위까지
따라 쓰세요.

답 _____ kg

5 12.2 ÷ 4

넓이가 **12.2 m²**인 밭을 **4칸**으로 똑같이 나누어
그중 **한 칸**에 감자를 심었습니다.
감자를 심은 밭의 넓이는 몇 m²인가요?

식 _____

답 _____ m²

6 20 ÷ 8

경수네 아파트 승강기는 일정한 빠르기로 멈추지 않고
8개의 층을 올라가는 데 **20초**가 걸렸습니다.
한 층을 올라가는 데 걸린 시간은 몇 초인가요?

식 _____

답 _____ 초

◑ 간단한 문장제를 풀어 봅니다.

1 농촌 체험을 간 소영이는 사과 **48.8 kg**을 수확하여
4박스에 똑같이 나누어 담았습니다.
한 박스에 담은 사과의 무게는 몇 kg인가요?

식 _____   답 _____

2 지은이는 반려견의 목줄을 만들기 위해 가죽끈 **7.41 m**를
3도막으로 똑같이 나누어 그중 **한 도막**을 사용하였습니다.
지은이가 **사용한 가죽끈의 길이는 몇 m**인가요?

식 _____   답 _____

3 로봇 청소기로 넓이가 **98.3 m²**인 집을 청소하는 데 **2시간**이 걸렸습니다.
로봇 청소기가 같은 빠르기로 청소를 했다면
1시간 동안 청소한 집의 넓이는 몇 m²인가요?

식 _____   답 _____

4 15분 동안 **90.6 L**의 물이 나오는 정수기가 있습니다.
정수기에서 물이 일정한 빠르기로 나온다면
1분 동안 나오는 물은 몇 L인가요?

식 _____   답 _____

5 동훈이가 자전거를 타고 공원 **4바퀴**를 도는 데 **30분**이 걸렸습니다.
동훈이가 일정한 빠르기로 자전거를 탔다면
공원 **한 바퀴를 도는 데 걸린 시간은 몇 분**인가요?

식 _____   답 _____

6 정십이각형의 변은 모두 **12개**입니다.
정십이각형의 모든 변의 길이의 합이 **103.2 cm**일 때
정십이각형의 한 변의 길이는 몇 cm인가요?

식 _____   답 _____

7 가영, 민규, 아린이는 체중계에 올라가 몸무게를 쟀습니다.
세 사람의 몸무게의 합이 **137.4 kg**일 때,
세 사람의 몸무게의 평균은 몇 kg인가요?

식 _____   답 _____

수학 문해력 기르기

관련 단원 소수의 나눗셈

문해력 문제 1

일정한 빠르기로 6 km를 날아가는 데/
3분 15초가 걸리는 드론이 있습니다./
이 드론이 1 km를 날아가는 데/ 걸린 시간은 몇 초인가요?
└ 구하려는 것

출처: ⓒGetty Images Bank

해결 전략

걸린 시간이 몇 초인지 구해야 하니까

❶ 1분 = ☐ 초를 이용하여 3분 15초를 초 단위로 바꾼 후

문해력 주의
구하려는 것이 초, 분, 시간 중 어느 단위인지 꼭 확인해봐요!

1 km를 날아가는 데 걸린 시간을 구하려면

❷ (6 km를 날아가는 데 걸린 시간)÷6을 구한다.

문제 풀기

❶ 3분 15초 = ☐ 초 + 15초 = ☐ 초

❷ (1 km를 날아가는 데 걸린 시간) = ☐ ÷6 = ☐ (초)

답 _____

문해력 레벨업

시간의 단위를 바꾸는 방법을 알아보자.

1시간=60분, 1분=60초를 이용하여 시간의 단위를 바꾼다.

■시간 ●분=(■×60)분＋●분
★분 ▲초=(★×60)초＋▲초

예 · 1시간 30분=60분＋30분
　　　　　　　＝90분
　· 2분 25초=120초＋25초
　　　　　　＝145초

쌍둥이 문제

1-1 일정한 빠르기로 4 km를 이동하는 데/ 10분 33초가 걸리는 스쿠터가 있습니다./ 이 스쿠터로 1 km를 이동하는 데/ 걸린 시간은 몇 초인가요?

따라 풀기 ❶

❷

답 _____

문해력 레벨 1

1-2 상엽이는 자전거를 타고 일정한 빠르기로 20 km를 이동하는 데/ 1시간 10분이 걸렸습니다./ 상엽이가 7 km를 이동하는 데/ 걸린 시간은 몇 분인가요?

스스로 풀기 ❶

❷

❸

답 _____

문해력 레벨 2

1-3 일정한 빠르기로 1초에 28 m를 달리는 자동차가 있습니다./ 자동차의 길이가 5 m일 때/ 이 자동차가 길이가 485 m인 터널을 완전히 통과하는 데/ 걸리는 시간은 몇 초인가요?

스스로 풀기 ❶ (자동차가 터널을 완전히 통과하기 위해 가야 하는 거리)＝(터널의 길이)＋(자동차의 길이)

❷ 자동차가 터널을 완전히 통과하는 데 걸리는 시간을 구하자.

답 _____

수학 문해력 기르기

관련 단원 소수의 나눗셈

문해력 문제 2

정현이는 시청에서 운영하는 나무 심기 캠페인에 참가하여/
그림과 같이 길이가 3.15 km인 하천의 한쪽에/
같은 간격으로 10그루의 나무를 심으려고 합니다./
하천의 시작점과 끝점에도 나무를 심는다면/
나무 사이의 간격은 몇 km인가요?/ (단, 나무의 두께는 생각하지 않습니다.)
└ 구하려는 것

3.15 km

해결 전략

〔 나무 사이의 간격은 몇 km인지 구해야 하니까 〕

❶ (나무의 수)−1로 나무 사이의 간격 수를 구한 후

❷ (하천의 길이)÷(나무 사이의 간격 수)로 나무 사이의 간격을 구한다.
└ ❶에서 구한 수

문제 풀기

❶ 나무 사이의 간격 수는 10−1=□(군데)이다.

❷ (나무 사이의 간격)=□÷□=□ (km)

답 _____

문해력 레벨업

도로의 모양에 따라 간격 수와 나무의 수 사이의 관계를 알아보자.

〔 일직선 도로의 시작점부터 끝점까지 나무를 심는 경우 〕

(나무 사이의 간격 수)=(나무의 수)−1
➔ 3=4−1

〔 원 모양의 도로에 나무를 심는 경우 〕

예

(나무 사이의 간격 수)
=(나무의 수)
➔ 4=4

쌍둥이 문제

2-1 비닐하우스 안에 정해진 시간마다 자동으로 물이 나오는[※]스프링클러를 설치했습니다./ 길이가 31.5 m인 천장에/ 같은 간격으로 7개의 스프링클러를 설치하는데/ 천장의 시작점과 끝점에도 설치했다면/ 스프링클러 사이의 간격은 몇 m인가요?/ (단, 스프링클러의 두께는 생각하지 않습니다.)

따라 풀기 ❶

문해력 어휘 📖
스프링클러: 물을 뿌리는 기구로 작물이나 잔디에 물을 주거나 건물 천장에 자동 소화 장치로 사용한다.

❷

답 _____

문해력 레벨 1

2-2 둘레가 250 m인 원 모양의 연못에/ 둘레를 따라 조각상 40개를 같은 간격으로 세웠습니다./ 조각상 사이의 간격은 몇 m인가요?/ (단, 조각상의 두께는 생각하지 않습니다.)

스스로 풀기 ❶

❷

답 _____

문해력 레벨 2

2-3 영화관에서 길이가 12.5 m인 일직선 통로에/ 같은 간격으로 6개의 [※]키오스크를 설치하려고 합니다./ 통로의 시작점에서 5 m 떨어진 지점부터 끝점까지 키오스크를 설치한다면/ 키오스크 사이의 간격은 몇 m인가요?/ (단, 키오스크의 두께는 생각하지 않습니다.)

스스로 풀기 ❶ (키오스크를 설치한 통로의 길이)=(전체 통로의 길이)−5 m

출처: ⓒ Kakigori Studio / shutterstock

문해력 백과 📖
키오스크: 주문, 예약, 안내 등이 가능한 소형 컴퓨터

❷ 키오스크 사이의 간격 수를 구하자.

❸ 키오스크 사이의 간격을 구하자.

답 _____

수학 문해력 기르기

문해력 문제 3

12분 동안 **5.4 cm**가 타는 양초가 있습니다./
양초가 일정한 빠르기로 탄다면/
21분 동안 타는 양초의 길이는 몇 cm인가요?
└ 구하려는 것

해결 전략

먼저 1분 동안 타는 양초의 길이를 구해야 하니까

❶ (양초가 타는 길이)÷(양초가 타는 시간)을 구하고

21분 동안 타는 양초의 길이를 구하려면

❷ (1분 동안 타는 양초의 길이)×**21**을 구한다.
└ ❶에서 구한 수

문제 풀기

❶ (1분 동안 타는 양초의 길이)=5.4÷ $\boxed{}$ = $\boxed{}$ (cm)

❷ (21분 동안 타는 양초의 길이)= $\boxed{}$ ×21= $\boxed{}$ (cm)

답 _____

문해력 레벨업

1분 동안 타는 양초의 길이와 남은 양초의 길이를 구하는 방법을 알아보자.

① (1분 동안 타는 양초의 길이)
　=(■분 동안 타는 양초의 길이)÷■

② (■분 동안 타고 남은 양초의 길이)
　=(처음 양초의 길이)-(■분 동안 탄 양초의 길이)

예 길이가 10 cm인 양초가 일정한 빠르기로 4분 동안 4.2 cm 타는 경우

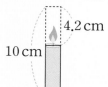

① (1분 동안 타는 양초의 길이)=4.2÷4=1.05 (cm)

② (4분 동안 타고 남은 양초의 길이)=10-4.2=5.8 (cm)

쌍둥이 문제

3-1 3초 동안 2.16 cm가 타는 성냥이 있습니다./ 성냥이 일정한 빠르기로 탄다면/ 5초 동안 타는 성냥의 길이는 몇 cm인가요?

따라 풀기 ❶

❷

답 _____

문해력 레벨 1

3-2 길이가 21 cm인 향초가 있습니다./ 이 향초는 일정한 빠르기로 13분 동안 7.28 cm가 탄다고 합니다./ 향초에 불을 붙이고 20분이 지난 후에 불을 끄면/ 타고 남은 향초의 길이는 몇 cm인가요?

스스로 풀기 ❶

타고 남은 향초의 길이는 처음 향초의 길이에서 20분 동안 타는 향초의 길이를 빼면 돼.

❷

❸

답 _____

문해력 레벨 2

3-3 유나의 생일을 축하하기 위해 친구들이 생일 케이크 위에/ 길이가 18 cm인 초를 꽂고 불을 붙였습니다./ 생일 축하 노래가 끝나고 유나가 초의 불을 껐을 때는/ 초에 불을 붙이고 4분이 지난 후였습니다./ 남은 초의 길이가 3.8 cm이고/ 초가 일정한 빠르기로 탔다면/ 3분 동안 탄 초의 길이는 몇 cm인가요?

스스로 풀기 ❶ (4분 동안 탄 초의 길이)=(처음 초의 길이)-(4분 동안 타고 남은 초의 길이)

❷ (1분 동안 탄 초의 길이)=(4분 동안 탄 초의 길이)÷4

❸ (3분 동안 탄 초의 길이)=(1분 동안 탄 초의 길이)×3

답 _____

수학 문해력 기르기

문해력 문제 4

일정한 빠르기로 하은이는 10분 동안 0.5 km를 이동하고,/
성재는 6분 동안 0.45 km를 이동합니다./
이 빠르기로 하은이와 성재가 같은 곳에서 서로 반대 방향으로
동시에 출발하여 일직선으로 갔다면/
12분 후 하은이와 성재 사이의 거리는 몇 km인가요?
└ 구하려는 것

해결 전략

┌ 1분 동안 이동한 거리를 구하려면 ┐
❶ (이동한 거리)÷(이동한 시간)을 구한다.

문해력 핵심

서로 반대 방향으로 이동하면 두 사람이 이동한 거리의 합만큼 거리가 멀어진다.

┌ 1분 후 하은이와 성재 사이의 거리를 구하려면 ┐
❷ (하은이가 1분 동안 이동한 거리) ◯ (성재가 1분 동안 이동한 거리)를 구하여
└ ❶에서 구한 수 ┘   └ +, −, ×, ÷ 중 알맞은 것 쓰기

┌ 12분 후 하은이와 성재 사이의 거리를 구하려면 ┐
❸ (1분 후 하은이와 성재 사이의 거리)×12를 구한다.
└ ❷에서 구한 수

문제 풀기

❶ (하은이가 1분 동안 이동한 거리)=0.5÷10=□ (km)

(성재가 1분 동안 이동한 거리)=0.45÷6=□ (km)

❷ (1분 후 하은이와 성재 사이의 거리)
=□+□=□ (km)

❸ (12분 후 하은이와 성재 사이의 거리)=□×12=□ (km)

답 _____

문해력 레벨업

이동 방향에 따라 사물/사람 사이의 거리를 알아보자.

① 서로 반대 방향으로 이동하는 경우

예
2만큼 이동   3만큼 이동
출발점
사이의 거리: 2+3=5

이동한 거리를 **더하여** 사이의 거리를 구한다.

② 서로 같은 방향으로 이동하는 경우

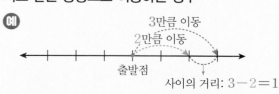

예
3만큼 이동
2만큼 이동
출발점
사이의 거리: 3−2=1

이동한 거리를 **빼서** 사이의 거리를 구한다.

쌍둥이 문제

4-1 지은이와 민혁이는 과학의 날 행사에서 ※블루투스로 움직이는 로봇을 만들었습니다./ 일정한 빠르기로 지은이의 로봇은 2분 동안 30.5 m를 이동하고,/ 민혁이의 로봇은 5분 동안 80.5 m를 이동합니다./ 이 빠르기로 지은이와 민혁이의 로봇이 같은 곳에서 서로 반대 방향으로 동시에 출발하여 일직선으로 갔다면/ 3분 후 두 로봇 사이의 거리는 몇 m인가요?

따라 풀기 ❶

❷

> **문해력 어휘** 📖
> 블루투스: 여러 전자 기기를 선없이 연결해 주는 네트워크 기술

❸

답 _____

문해력 레벨 1

4-2 일정한 빠르기로 경찰차는 5분 동안 6.5 km를 이동하고,/ 소방차는 8분 동안 11.2 km를 이동합니다./ 이 빠르기로 경찰차와 소방차가 같은 곳에서 서로 같은 방향으로 동시에 출발하여 일직선으로 갔다면/ 30분 후 경찰차와 소방차 사이의 거리는 몇 km인가요?

스스로 풀기 ❶

❷

> 서로 같은 방향으로 이동하면 두 자동차가 이동한 거리의 차만큼 거리가 멀어져.

❸

답 _____

문해력 레벨 2

4-3 일정한 빠르기로 이동하는 ※여객기와 ※비행선이 있습니다./ 여객기는 1분 동안 16 km를 이동합니다./ 이 여객기와 비행선이 같은 곳에서 같은 방향으로 동시에 출발하여 일직선으로 갔을 때/ 15분 후 여객기와 비행선 사이의 거리가 216 km입니다./ 비행선이 1분 동안 이동한 거리는 몇 km인가요? (단, 여객기가 비행선보다 빠릅니다.)

스스로 풀기 ❶ 여객기가 15분 동안 이동한 거리를 구하자.

> **문해력 어휘** 📖
> 여객기: 손님을 태우고 날개를 이용하여 이동하는 비행기
> 비행선: 날개 없이 기구 안에 산소보다 가벼운 기체를 넣어 공중을 떠다니는 항공기

❷ 여객기와 비행선 사이의 거리를 이용하여 비행선이 15분 동안 이동한 거리를 구하자.

❸ 비행선이 1분 동안 이동한 거리를 구하자.

답 _____

3^일 수학 문해력 기르기

문해력 문제 5

어떤 나눗셈식의 몫을 쓰는 데/
잘못하여 소수점을 오른쪽으로 한 자리 옮겨 나타냈더니/
바르게 계산한 몫과의 차가 17.01이 되었습니다./
바르게 계산한 몫을 구하세요.
└ 구하려는 것

해결 전략

소수점을 오른쪽으로 한 자리 옮기면

❶ ★.▲● ➡ ★▲.●

□배

> **문해력 핵심**
> 소수점을 오른쪽으로 한 자리 옮기면 처음 수의 10배가 되므로 잘못 나타낸 몫이 더 크다.

바르게 계산한 몫을 구하려면

❷ (잘못 나타낸 몫) − (바르게 계산한 몫) = 17.01의 뺄셈식을 만들어
■의 값을 구한다.

문제 풀기

❶ 소수점을 오른쪽으로 한 자리 옮기면 처음 수의 □배가 된다.

❷ 바르게 계산한 몫을 ■라 하면 잘못 나타낸 몫은 (10 × ■)이므로

$10 \times ■ - ■ = \boxed{}$ 이다.

➡ $9 \times ■ = \boxed{}$, $■ = \boxed{} \div 9 = \boxed{}$

답 _____

💡 **문해력 레벨업** 소수점의 위치에 따라 달라지는 수의 크기를 알아보자.

① 소수점을 오른쪽으로 이동하기

② 소수점을 기준으로 수를 왼쪽으로 이동하기

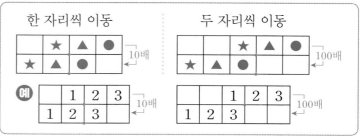

쌍둥이 문제

5-1 어떤 나눗셈식의 몫을 쓰는 데/ 잘못하여 소수점을 오른쪽으로 한 자리 옮겨 나타냈더니/ 바르게 계산한 몫과의 차가 20.7이 되었습니다./ 바르게 계산한 몫을 구하세요.

따라 풀기 ❶

❷

답 _____

문해력 레벨 1

5-2 어떤 나눗셈식의 몫을 쓰는 데/ 잘못하여 소수점을 기준으로 수를 왼쪽으로 한 자리씩 옮겨 나타냈더니/ 바르게 계산한 몫과의 차가 37.89가 되었습니다./ 바르게 계산한 몫을 구하세요.

스스로 풀기 ❶

❷

답 _____

문해력 레벨 2

5-3 어떤 수를 5로 나눈 몫을 쓰는 데/ 잘못하여 소수점을 오른쪽으로 두 자리 옮겨 나타냈더니/ 바르게 계산한 몫과의 차가 59.4가 되었습니다./ 어떤 수를 구하세요.

스스로 풀기 ❶ 소수점을 오른쪽으로 두 자리 옮기면 처음 수의 몇 배가 되는지 알아보자.

❷ 바르게 계산한 몫을 구하자.

❸ 어떤 수를 구하자.

답 _____

관련 단원 소수의 나눗셈

문해력 문제6

유리의 손목시계는 7일에 10.5분씩 일정하게 빨라집니다./
이 손목시계를 오늘 오전 10시에 정확하게 맞추어 놓았다면/
내일 오전 10시에/ 손목시계가 가리키는 시각은 오전 몇 시 몇 분 몇 초인지 구하세요.
└ 구하려는 것

해결 전략

┌ 하루에 빨라지는 시간을 구하려면 ┐
❶ (빨라진 시간)÷(날수)를 구하여 몇 분 몇 초로 나타내고

> **문해력 핵심**
> 오늘 오전 10시부터 내일 오전 10시까지는 하루이다.

┌ 하루 뒤 손목시계가 가리키는 시각을 구하려면 ┐
❷ (정확한 시각)+(하루에 빨라지는 시간)을 구한다.

문제 풀기

❶ (하루에 빨라지는 시간)=10.5÷ ☐ = ☐ (분)

➔ 1.5분=1분+(0.5×60)초=1분 ☐ 초

❷ (내일 오전 10시에 손목시계가 가리키는 시각)
  =오전 10시+1분 ☐ 초=오전 10시 ☐ 분 ☐ 초

답 _____

문해력 레벨업

빨라지는(느려지는) 시계가 가리키는 시각을 알아보자.

예 하루에 5분씩 일정하게 빨라지는 시계를
월요일 오전 10시에 정확하게 맞추었을 때

 월
하루 뒤
+5분
 화

오전 10시   오전 10시 5분

빨라지는 시계가 가리키는 시각은
정확한 시각에 빨라진 시간을 더한다.

예 하루에 5분씩 일정하게 느려지는 시계를
월요일 오전 10시에 정확하게 맞추었을 때

 월
하루 뒤
-5분
 화

오전 10시   오전 9시 55분

느려지는 시계가 가리키는 시각은
정확한 시각에서 느려진 시간을 뺀다.

복습책 16쪽에 유사, 심화문제 제공

쌍둥이 문제

6-1 마을버스의 디지털 시계는 30일에 39분씩 일정하게 빨라집니다./ 이 디지털 시계를 어제 오후 5시에 정확하게 맞추어 놓았다면/ 오늘 오후 5시에/ 디지털 시계가 나타내는 시각은 오후 몇 시 몇 분 몇 초인지 구하세요.

따라 풀기 ❶

❷

답 _____

문해력 레벨 1

6-2 승철이의 탁상시계는 12일에 25.2분씩 일정하게 느려집니다./ 이 탁상시계를 오늘 오후 2시에 정확하게 맞추어 놓았다면/ 내일 오후 2시에/ 탁상시계가 가리키는 시각은 오후 몇 시 몇 분 몇 초인지 구하세요.

스스로 풀기 ❶

문해력 어휘 📖
탁상시계: 책상이나 선반 위에 놓고 사용하는 시계

❷

답 _____

문해력 레벨 2

6-3 광장의 중앙 시계는 15일에 48분씩 일정하게 느려집니다./ 이 중앙 시계를 어느 날 오전 8시에 정확하게 맞추어 놓았다면/ 3일 뒤 오전 8시/ 중앙 시계가 가리키는 시각은 오전 몇 시 몇 분 몇 초인지 구하세요.

스스로 풀기 ❶ 하루에 느려지는 시간을 구하자.

❷ 3일 동안 느려지는 시간을 구하자.

❸ 3일 뒤 중앙 시계가 가리키는 시각을 구하자.

답 _____

수학 문해력 기르기

문해력 문제 7

선영이는 가로가 6.2 cm, 세로가 3 cm인 직사각형과/
넓이가 같은 평행사변형을 만들었습니다./
평행사변형의 높이를 4 cm로 만들었다면/
밑변의 길이는 몇 cm인가요?
└ 구하려는 것

해결 전략

직사각형과 평행사변형의 넓이가 같으므로

❶ (직사각형의 넓이)=(가로)×(세로)를 구하여
평행사변형의 넓이를 구한 후

평행사변형의 밑변의 길이를 구하려면

❷ (평행사변형의 넓이)÷(높이)를 구한다.

문제 풀기

❶ (평행사변형의 넓이)=(직사각형의 넓이)

$$= \boxed{} \times 3 = \boxed{} \ (cm^2)$$

❷ (평행사변형의 밑변의 길이)= $\boxed{}$ ÷4= $\boxed{}$ (cm)

답 _____

문해력 레벨업

넓이를 구하는 식을 이용하여 모르는 변의 길이를 구해 보자.

예 **직사각형의 세로 구하기**

12.8 cm²

4 cm

(직사각형의 넓이)=(가로)×(세로)
➡ (세로)=(직사각형의 넓이)÷(가로)
=12.8÷4=3.2 (cm)

예 **평행사변형의 밑변의 길이 구하기**

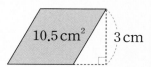

10.5 cm²   3 cm

(평행사변형의 넓이)=(밑변의 길이)×(높이)
➡ (밑변의 길이)=(평행사변형의 넓이)÷(높이)
=10.5÷3=3.5 (cm)

쌍둥이 문제

7-1 밑변의 길이가 38.5 cm, 높이가 30 cm인 삼각형과/ 넓이가 같은 직사각형이 있습니다./ 이 직사각형의 가로가 25 cm라면/ 직사각형의 세로는 몇 cm인가요?

따라 풀기 ❶

❷

답 _____

문해력 레벨 1

7-2 한 변의 길이가 9 cm인 정사각형과/ 가로가 24 cm인 직사각형을 만들려고 합니다./ 직사각형의 넓이가 정사각형의 넓이의 2배라면/ 직사각형의 세로는 몇 cm인가요?

스스로 풀기 ❶

❷

❸

답 _____

문해력 레벨 2

7-3 직선 가와 직선 나는 서로 평행합니다./ 평행사변형의 넓이가 25.8 m²라면/ 삼각형의 넓이는 몇 m²인가요?

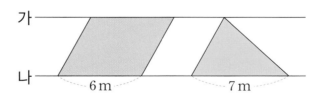

스스로 풀기 ❶ 평행사변형의 높이를 구하자.

❷ 삼각형의 높이를 구하자.

❸ 삼각형의 넓이를 구하자.

답 _____

수학 문해력 기르기

관련 단원 소수의 나눗셈

문해력 문제 8

민규와 정연이는 도예 공방에서 운영하는 접시 만들기 수업에 참여했습니다./
민규는 직사각형 모양의 접시를 만들었고/
정연이는 민규가 만든 접시의 가로를 0.6배로 하고 세로를 5배로 하여/
넓이가 74.1 cm²인 직사각형 모양의 접시를 만들었습니다./
민규가 만든 접시의 넓이는 몇 cm²인가요?
└─ 구하려는 것

해결 전략

┌ 민규가 만든 접시의 가로를 0.6배로 하고 세로를 5배로 하여 만들었으므로 ┐

❶ (정연이가 만든 접시의 넓이)
  =(민규가 만든 접시의 넓이)×0.6×5

┌ 민규가 만든 접시의 넓이를 구하려면 ┐

❷ 위 ❶의 곱셈식을 나눗셈식으로 나타내어 구한다.

문해력 핵심

민규가 만든 접시의 가로를 ■, 세로를 ▲라고 하면 정연이가 만든 접시의 가로는 (■×0.6), 세로는 (▲×5)이다.

➡ (정연이가 만든 접시의 넓이)
  =(■×0.6)×(▲×5)
  =■×▲×0.6×5
  =(민규가 만든 접시의 넓이)
     ×0.6×5

문제 풀기

❶ (정연이가 만든 접시의 넓이)=(민규가 만든 접시의 넓이)×0.6×5
  =(민규가 만든 접시의 넓이)× ☐

❷ (민규가 만든 접시의 넓이)=(정연이가 만든 접시의 넓이)÷ ☐
  =74.1÷ ☐ = ☐ (cm²)

답 _____

문해력 레벨업

길이를 늘이기 전과 늘인 후의 도형의 넓이의 관계를 알아보자.

예 직사각형 가의 가로를 2배로 하고 세로를 3배로 하여 직사각형 나를 만든 경우

가 ▭   나 ▭

(직사각형 나의 가로)=(직사각형 가의 가로)×2
(직사각형 나의 세로)=(직사각형 가의 세로)×3

➡ (직사각형 나의 넓이)=(직사각형 나의 가로)×(직사각형 나의 세로)
  =(직사각형 가의 가로)×2×(직사각형 가의 세로)×3
  =(직사각형 가의 넓이)×6

8-1 한 회사가 무선 충전기를 출시하기 전에/ 직사각형 모양의 초기 디자인을 발표했습니다./ 초기 디자인을 본 고객들이 크기가 너무 작다는 의견을 제시하여/ 회사는 초기 디자인에서 가로를 2배로 하고 세로를 1.5배로 하여/ 넓이가 88.5 cm²인 직사각형 모양의 디자인으로 변경했습니다./ 무선 충전기를 출시하기 전 초기 디자인의 넓이는 몇 cm²인가요?

따라 풀기 ❶

❷

답 _____

8-2 어떤 직사각형의 가로를 5배로 하고 세로를 0.8배로 하여/ 넓이가 28.4 cm²인 직사각형을 새로 만들었습니다./ 처음 직사각형의 가로가 2 cm라면/ 처음 직사각형의 세로는 몇 cm인가요?

스스로 풀기 ❶

❷

❸

답 _____

8-3 어떤 직사각형의 가로를 1.5배로 하고 세로를 4배로 하여/ 직사각형을 새로 만들었더니 넓이가 36 m²만큼 늘어났습니다./ 처음 직사각형의 넓이는 몇 m²인가요?

스스로 풀기 ❶ 새로 만든 직사각형의 넓이는 처음 직사각형의 넓이의 몇 배인지 나타내는 식을 만들자.

❷ 위 ❶에서 만든 식을 이용하여
(새로 만든 직사각형의 넓이)=(처음 직사각형의 넓이)+36 m²를 간단히 정리하자.

❸ 위 ❷에서 만든 식을 이용하여 처음 직사각형의 넓이를 구하자.

답 _____

4일

수학 문해력 완성하기

관련 단원 소수의 나눗셈

그림은 한 변의 길이가 각각 15 cm, 10 cm인 두 정삼각형을/ 겹치는 부분이 평행사변형이 되도록 붙여서 만든 도형입니다./ 만든 도형의 둘레가 61.4 cm일 때,/ ㉠+㉡을 구하세요.

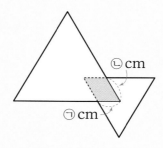

해결 전략

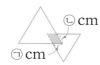

(만든 도형의 둘레)=(두 정삼각형의 둘레의 합)−(평행사변형의 둘레)

※21년 상반기 20번 기출 유형

문제 풀기

❶ 만든 도형의 둘레를 구하는 식 세우기

(만든 도형의 둘레)=(두 정삼각형의 둘레의 합)−(평행사변형의 둘레)이므로

$\boxed{}=15\times3+10\times3-(㉠+㉡)\times\boxed{}$ 이다.

❷ 위 ❶의 식을 계산하여 ㉠+㉡ 구하기

답 _____

— 관련 단원 소수의 나눗셈

기출 **2**

개미 A와 개미 B는 가 지점과 나 지점 사이를 일정한 빠르기로 왔다 갔다 하는데/ 1시간에 개미 A는 4.5 m,/ 개미 B는 4.6 m를 가는 빠르기로 쉬지 않고 움직입니다./ 개미 A는 가 지점에서, 개미 B는 나 지점에서 동시에 출발하여/ 두 개미가 3번째 만날 때까지 4시간이 걸렸습니다./ 가 지점과 나 지점 사이의 거리는 몇 m인지 구하세요./ (단, 개미의 몸길이는 생각하지 않습니다.)

개미 A ————————————→ ←——— 개미 B
가   나

해결 전략

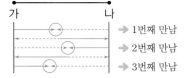

개미 A와 개미 B가 **3**번째 만날 때까지 움직인 거리의 합은 가 지점과 나 지점 사이 거리의 **5**배이다.

※20년 상반기 21번 기출 유형

문제 풀기

❶ 1시간 동안 개미 A와 B가 움직인 거리의 합 구하기

(1시간 동안 개미 A가 움직인 거리)+(1시간 동안 개미 B가 움직인 거리)

= ☐ + ☐ = ☐ (m)

❷ 개미 A와 개미 B가 3번째 만날 때까지 움직인 거리 구하기

개미 A와 B가 3번째 만날 때까지 4시간이 걸렸으므로 4시간 동안 움직인 거리는

(1시간 동안 개미 A와 B가 움직인 거리의 합)×4= ☐ ×4= ☐ (m)이다.

❸ **해결 전략** 을 이용하여 가 지점과 나 지점 사이의 거리 구하기

개미 A와 B가 3번째 만날 때까지 움직인 거리는 가 지점과 나 지점 사이 거리의 ☐ 배이다.

➜ (가 지점과 나 지점 사이의 거리)=(개미 A와 B가 3번째 만날 때까지 움직인 거리)÷5

= ☐ ÷5= ☐ (m)

답 _____

수학 문해력 완성하기

관련 단원 소수의 나눗셈

융합 3

수산물이 가득한 어촌에서는 갓, 손, 축, 쾌와 같은 다양한 단위를 사용합니다./ 아래 그림은 한 횟집에서 수산물을 구매한 내역입니다./ 수산물마다 무게가 일정하다면/ 구매한 수산물 중 한 마리의 무게가 가장 무거운 것은 어느 것인가요?

수산물을 세는 단위

갓: 청어나 굴비를 세는 단위로 1갓은 10마리이다.
손: 고등어나 꽁치를 세는 단위로 1손은 2마리이다.
축: 오징어를 세는 단위로 1축은 20마리이다.
쾌: 북어를 세는 단위로 1쾌는 20마리이다.

		구매 내역	
수산물	수량	전체 무게	한 마리 무게
청어	3갓	11.1 kg	kg
고등어	6손	5.4 kg	kg
오징어	2축	13.2 kg	0.33 kg
북어	2쾌	2.8 kg	0.07 kg

해결 전략

청어: 1갓＝10마리 ➡ 3갓＝(10×3)마리   고등어: 1손＝2마리 ➡ 6손＝(2×6)마리
오징어: 1축＝20마리 ➡ 2축＝(20×2)마리   북어: 1쾌＝20마리 ➡ 2쾌＝(20×2)마리

문제 풀기

❶ 청어와 고등어가 각각 몇 마리인지 구하기

청어는 1갓에 10마리이므로 청어 3갓은 ☐×3＝☐(마리)이다.

고등어는 1손에 2마리이므로 고등어 6손은 ☐×6＝☐(마리)이다.

❷ 청어와 고등어 한 마리의 무게 각각 구하기

(청어 한 마리의 무게)＝11.1÷☐＝☐(kg)

(고등어 한 마리의 무게)＝5.4÷☐＝☐(kg)

❸ 청어, 고등어, 오징어, 북어 한 마리의 무게를 비교하여 가장 무거운 것 구하기

답 _____

관련 단원 소수의 나눗셈

코딩 4 알지오매스의 거북 기하는 블록코딩을 통해/ 거북이를 움직여 정다각형을 그릴 수 있는 프로그램입니다./ 블록코딩을 통해 거북이는 1분에 8 cm씩 움직여/ 둘레가 300 cm인 정사각형 ㄱㄴㄷㄹ을 그렸습니다./ 이때 끝내기 블록을 넣지 않아/ 거북이는 점 ㄱ을 출발하여 둘레를 따라 시계 방향으로/ 정사각형 위를 반복하여 움직였습니다./ 거북이가 정사각형 ㄱ ㄴㄷㄹ 을 2.5바퀴 도는 데/ 걸린 시간은 몇 분인지 소수로 나타내 보세요.

해결 전략

• 주어진 조건: 정사각형 ㄱㄴㄷㄹ의 둘레는 **300 cm**이고, 거북이는 1분에 **8 cm**씩 움직인다.
• 구하려는 것: 정사각형 ㄱㄴㄷㄹ을 **2.5**바퀴 도는 데 걸린 시간

문제 풀기

❶ 거북이가 정사각형 ㄱㄴㄷㄹ을 2.5바퀴 도는 데 움직인 거리 구하기

_____

_____

❷ 위 ❶에서 구한 거리를 이용하여 걸린 시간 구하기

_____

_____

_____

답 _____

수학 문해력 평가하기

문제를 읽고 조건을 표시하면서 풀어 봅니다.

40쪽 문해력 1

1 인공위성은 우주에서 일정한 빠르기로 584 km를 이동하는 데 1분 13초가 걸립니다. 인공위성이 1 km를 이동하는 데 걸린 시간은 몇 초인가요?

출처: ⓒAndrey Armyagov/shutterstock

풀이

답 _____

44쪽 문해력 3

2 30분 동안 219 cm가 타는 장작이 있습니다. 장작이 일정한 빠르기로 탄다면 45분 동안 타는 장작의 길이는 몇 cm인가요?

풀이

답 _____

42쪽 문해력 2

3 길이가 341 m인 ※생태 통로에 같은 간격으로 26개의 ※관목을 심으려고 합니다. 생태 통로의 시작점과 끝점에도 심는다면 관목 사이의 간격은 몇 m인가요? (단, 관목의 두께는 생각하지 않습니다.)

풀이

답 _____

48쪽 문해력 5

4 어떤 나눗셈식의 몫을 쓰는 데 잘못하여 소수점을 오른쪽으로 한 자리 옮겨 나타냈더니 바르게 계산한 몫과의 차가 54.9가 되었습니다. 바르게 계산한 몫을 구하세요.

풀이

답 _____

52쪽 문해력 7

5 밑변의 길이가 8 cm, 높이가 6.4 cm인 삼각형과 넓이가 같은 평행사변형을 만들었습니다. 평행사변형의 밑변의 길이가 4 cm라면 평행사변형의 높이는 몇 cm인가요?

풀이

답 _____

문해력 백과

생태 통로: 야생동물이 지나는 길을 인공적으로 만든 것
관목: 개나리, 무궁화와 같이 키가 작은 나무

50쪽 문해력 6

6 소윤이의 알람 시계는 5일에 23분씩 일정하게 빨라집니다. 이 알람 시계를 오늘 오전 6시에 정확하게 맞추어 놓았다면 내일 오전 6시에 알람 시계가 가리키는 시각은 오전 몇 시 몇 분 몇 초인가요?

풀이

답 _____

54쪽 문해력 8

7 석호는 직사각형을 그리고, 주연이는 석호가 그린 직사각형의 가로를 3배로 하고 세로를 2배로 하여 넓이가 195 cm^{2}인 직사각형을 그렸습니다. 석호가 그린 직사각형의 넓이는 몇 cm^{2}인가요?

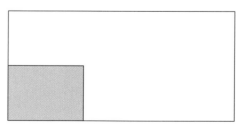

풀이

답 _____

46쪽 문해력 4

8 일정한 빠르기로 버스는 40분 동안 58 km를 이동하고, 승용차는 25분 동안 42.5 km를 이동합니다. 버스와 승용차가 같은 곳에서 서로 반대 방향으로 동시에 출발하여 일직선으로 갔다면 50분 후 버스와 승용차 사이의 거리는 몇 km인가?

풀이

답 _____

52쪽 문해력 7

9 한 변의 길이가 6 cm인 정사각형과 가로가 8 cm인 직사각형이 있습니다. 직사각형의 넓이가 정사각형의 넓이의 4.8배라면 직사각형의 세로는 몇 cm인가요?

풀이

답 _____

48쪽 문해력 5

10 어떤 나눗셈식의 몫을 쓰는 데 잘못하여 소수점을 기준으로 수를 왼쪽으로 두 자리씩 옮겨 나타냈더니 바르게 계산한 몫과의 차가 732.6이 되었습니다. 바르게 계산한 몫을 구하세요.

풀이

답 _____

비와 비율

우리는 일상생활에서 '3 대 1로 승리', '50 % 폭탄 세일' 등 비와 비율과 관련된 개념을 자주 사용하고 있어요. 생활 속에서 비와 비율이 사용되는 여러 가지 경우를 알고 비와 비율을 활용한 실생활 문제를 해결해 봐요.

이번 주에 나오는 어휘 & 지식백과

73쪽 **승률** (勝 이길 승, 率 비율 률)

참가한 경기 수에 대한 이긴 경기 수의 비율

74쪽 **국가 정원** (國 나라 국, 家 집 가, 庭 뜰 정, 園 동산 원)

국가(산림청)가 조성하고 나라에서 비용을 지원받아 관리하는 정원

75쪽 **장승**

통나무나 돌에 사람의 얼굴 모양을 새겨 마을 입구나 길가에 세운 것으로 밖에서 들어오는 재앙을 막고 마을의 안팎을 구분해 주는 역할을 한다. 대개 남녀로 쌍을 이루어 한 기둥에는 '천하대장군(天下大將軍)', 또 한 기둥에는 '지하여장군(地下女將軍)'이라고 새긴다.

77쪽 **헌혈** (獻 드릴 헌, 血 피 혈)

수혈이 필요한 환자의 생명을 구하는 유일한 수단으로 몸무게가 남자는 50 kg, 여자는 45 kg 이상이 되어야 헌혈이 가능하다.

84쪽 **규제** (規 법 규, 制 절제할 제)

규칙이나 규정에 의하여 일정한 한도를 정하거나 정한 한도를 넘지 못하게 막음.

85쪽 **밀키트** (meal kit)

식사를 뜻하는 밀 [meal]과 세트라는 의미의 키트 [kit]가 합쳐진 단어로 요리에 필요한 손질된 식재료와 딱 맞는 양의 양념, 조리법을 세트로 구성해 제공하는 제품

92쪽 **서큘레이터** (air circulator)

실내의 공기를 순환시키는 가정용 전기 기구로 실내의 온도 차를 작게 하고 냉난방 효과를 높인다.

◯ 기초 문제가 어떻게 문장제가 되는지 알아봅니다.

1

3과 5의 비를
비율로 나타내기

비 ➡ ☐ : ☐

비율 ➡ 분수 ☐ ,

소수 ☐

>> 지우개가 3개, 풀이 5개 있을 때
지우개 수와 풀 수의 비율을 분수와 소수로 나타내 보세요.

비 ☐ : ☐

비율 분수 ☐ , 소수 ☐

2

17의 20에 대한 비를
비율로 나타내기

비 ➡ ☐ : ☐

비율 ➡ 분수 ☐ ,

소수 ☐

>> 직사각형의 가로가 **17 cm**, 세로가 **20 cm**일 때
직사각형의 가로의 세로에 대한 비율을 분수와 소수로 나타내 보세요.

비 ＿＿＿＿＿＿＿＿＿＿

비율 분수＿＿＿＿＿＿ , 소수＿＿＿＿＿＿

3

25에 대한 13의 비를
비율로 나타내기

비 ➡ ☐ : ☐

비율 ➡ 분수 ☐ ,

소수 ☐

>> 운동장에 여학생이 **13명**, 남학생이 **25명** 있을 때
남학생 수에 대한 여학생 수의 비율을 분수와 소수로 나타내 보세요.

비 ＿＿＿＿＿＿＿＿＿＿

비율 분수＿＿＿＿＿＿ , 소수＿＿＿＿＿＿

4
비율 $\dfrac{4}{5}$ 를 백분율로
나타내기

$\dfrac{4}{5} \times 100 = \boxed{}$

➡ $\boxed{}$ %

≫ 비율 $\dfrac{4}{5}$ 를 백분율로 나타내면 **몇 %**인가요?

꼭! 단위까지 쓰세요.

백분율 $\dfrac{4}{5} \times 100 = \boxed{}$ ➡ $\boxed{}$ %

5
비율 **0.32**를 백분율로
나타내기

$0.32 \times 100 = \boxed{}$

➡ $\boxed{}$ %

≫ 비율 **0.32**를 백분율로 나타내면 **몇 %**인가요?

백분율 _____

6
비 **13 : 20**의 비율을
백분율로 나타내기

$\dfrac{13}{20} \times \boxed{} = \boxed{}$

➡ $\boxed{}$ %

≫ 사과가 **13개**, 귤이 **20개** 있을 때
사과 수와 귤 수의 비율을 백분율로 나타내면 몇 %인가요?

비 _____ 비율 _____

백분율 _____

7
비 **27 : 50**의 비율을
백분율로 나타내기

$\dfrac{27}{50} \times \boxed{} = \boxed{}$

➡ $\boxed{}$ %

≫ 사탕이 **27개**, 초콜릿이 **50개** 있을 때
초콜릿 수에 대한 사탕 수의 비율을 백분율로 나타내면 몇 %인가요?

비 _____ 비율 _____

백분율 _____

○ 간단한 문장제를 풀어 봅니다.

1 주차장에 검은색 자동차가 **10대**, 흰색 자동차가 **7대** 주차되어 있습니다.
주차장에 있는 **검은색 자동차 수에 대한 흰색 자동차 수의 비율**을 분수와 소수로 나타내 보세요.

비 _____ 비율 분수_____, 소수_____

2 망고스틴을 지희는 **2개** 먹었고 윤아는 **5개** 먹었습니다.
지희가 먹은 망고스틴 수와 윤아가 먹은 망고스틴 수의 비율을 분수와 소수로 나타내
보세요.

비 _____ 비율 분수_____, 소수_____

3 음악실에 북이 **20개**, 장구가 **9개** 있습니다.
장구 수의 북 수에 대한 비율을 분수와 소수로 나타내 보세요.

비 _____ 비율 분수_____, 소수_____

4 냉장고에 콜라가 **9병**, 사이다가 **15병** 들어 있습니다.
사이다 수에 대한 콜라 수의 비율을 백분율로 나타내면 **몇 %**인가요?

비율 _____   백분율 _____

5 승주네 학교 학생 **200명**이 투표한 전교 학생 회장 선거에서
수정이가 받은 득표수는 **96표**입니다.
수정이의 득표율을 백분율로 나타내면 **몇 %**인가요?

비율 _____   백분율 _____

6 진아는 영어 듣기 평가에서 전체 **20문제** 중 **19문제**를 맞혔습니다.
전체 문제 수에 대한 맞힌 문제 수의 비율을 백분율로 나타내면 **몇 %**인가요?

비율 _____   백분율 _____

7 어느 회사 제품은 **250개** 중에서 **10개**의 비율로 불량품이 있다고 합니다.
이 회사의 **전체 제품 수에 대한 불량품 수의 비율**을 백분율로 나타내면 **몇 %**인가요?

비율 _____   백분율 _____

1^일 수학 문해력 기르기

관련 단원 비와 비율

문해력 문제 1

측우기로 어제와 오늘 내린 빗물의 양을 재어 보았더니/
어제는 25 mm이고/ 오늘은 어제보다 8 mm 더 많습니다./
어제 내린 빗물의 양에 대한 오늘 내린 빗물의 양의 비를 쓰세요.
└ 구하려는 것

해결 전략

오늘 내린 빗물의 양을 구하려면

❶ (어제 내린 빗물의 양) ◯ (어제보다 더 내린 빗물의 양)을 계산하고
•+, −, ×, ÷ 중 알맞은 것 쓰기

비로 나타내려면

❷ 기준량과 비교하는 양을 찾아 (비교하는 양) : (⬚)을 쓴다.

문제 풀기

❶ (오늘 내린 빗물의 양)=25+⬚=⬚ (mm)

❷ 기준량과 비교하는 양을 찾아 비로 나타내기

기준량은 ⬚ 내린 빗물의 양,

비교하는 양은 ⬚ 내린 빗물의 양이므로

비로 나타내면 ⬚ : ⬚ 이다.

문해력 핵심
'~에 대한'은 앞에 있는 양이 기준량이 된다.

답 _____

문해력 레벨업 비로 나타낼 때 기준량을 먼저 찾자.

비로 나타낼 때 기준량은 오른쪽에 위치한다.

예

멜론 수와 <u>사과 수</u>의 비
└ 기준량
멜론 수의 <u>사과 수</u>에 대한 비

<u>사과 수</u>에 대한 멜론 수의 비

↓
4 : 5

<u>사과 수</u>와 <u>멜론 수</u>의 비
└ 기준량
사과 수의 <u>멜론 수</u>에 대한 비

<u>멜론 수</u>에 대한 사과 수의 비

↓
5 : 4

4 : 5와 5 : 4는 서로 다른 비야.

쌍둥이 문제

1-1 강원도 지역에 어제 쌓인 눈의 양은 18 cm이고/ 오늘 쌓인 눈의 양은 어제보다 5 cm 더 많습니다./ 어제 쌓인 눈의 양에 대한 오늘 쌓인 눈의 양의 비를 쓰세요.

따라 풀기   ❶

❷

답 _____

문해력 레벨 1

1-2 아이스크림 가게에서 어제 팔린 아이스크림은 45개이고/ 오늘 팔린 아이스크림은 어제보다 9개 더 적습니다./ 어제 팔린 아이스크림 수의 오늘 팔린 아이스크림 수에 대한 비를 쓰세요.

스스로 풀기   ❶

❷

답 _____

문해력 레벨 2

1-3 프린터에는[※]C, M, Y, K의 4가지 색깔의 잉크가 들어 있습니다./ 어느 프린터에 남아 있는 마젠타 잉크 양은/ 옐로우 잉크 양보다 12 mL 더 많습니다./ 전체 잉크 양에 대한 마젠타 잉크 양의 비를 쓰세요.

프린터에 남아 있는 잉크 양

사이안 (Cyan)	마젠타 (Magenta)	옐로우 (Yellow)	검정 (Black)
25 mL		18 mL	55 mL

스스로 풀기   ❶ 마젠타 잉크 양을 구하자.

문해력 백과 📖
C는 사이안(Cyan), M은 마젠타(Magenta), Y는 옐로우(Yellow), K는 검정(Black)을 말한다.

❷ 전체 잉크 양을 구하자.

❸ 기준량과 비교하는 양을 찾아 비로 나타내자.

답 _____

수학 문해력 기르기

문해력 문제 2

교내 야구 대회에 출전할 지수와 준하가 야구 연습을 하는데/
지수는 30*타수 중에서 안타를 9번 쳤고/
준하는 20 타수 중에서 안타를 7번 쳤습니다./
누구의 타율이 더 높은지 구하세요.
└─구하려는 것

해결 전략

┌─ 지수의 타율을 구하려면 ─┐   ┌─ 준하의 타율을 구하려면 ─┐

❶ $\dfrac{(지수의 \boxed{} 수)}{(지수의 \ 전체 \ 타수)}$ 를 구하고,   ❷ $\dfrac{(준하의 \boxed{} 수)}{(준하의 \ 전체 \ 타수)}$ 를 구한다.

┌─ 누구의 타율이 더 높은지 구하려면 ─┐

❸ **지수와 준하의 타율을 비교**한다.

📖 **문해력 어휘**

타수: 타자가 공을 친 횟수

문제 풀기

❶ (지수의 타율)= $\dfrac{\boxed{}}{30}$ = $\dfrac{\boxed{}}{10}$ = $\boxed{}$

🎓 **문해력 주의**

안타 수가 많다고 무조건 타율이 더 높은 것이 아니라 전체 타수에 대한 안타 수의 비율을 구해서 비교해야 해.

❷ (준하의 타율)= $\dfrac{\boxed{}}{20}$ = $\dfrac{\boxed{}}{100}$ = $\boxed{}$

❸ 구한 타율을 비교하여 답 구하기

지수의 타율   준하의 타율

$\boxed{}$ $\bigcirc$ $\boxed{}$ 이므로 $\boxed{}$ 의 타율이 더 높다.

└─▶ >, < 중 알맞은 것 쓰기

답 _____

💡 **문해력 레벨업**

비교하는 양을 알고 비율을 구하여 비교하자.

예 고리 던지기를 20번 해서 성공한 횟수가 12번일 때 비율 구하기

① 성공률 구하기

┌──────────────────┐
기준량은 전체 횟수이고
비교하는 양이 성공한 횟수이므로
└──────────────────┘

(성공률)= $\dfrac{(성공한\ 횟수)}{(전체\ 횟수)}$ = $\dfrac{12}{20}$ = 0.6

② 실패율 구하기

┌──────────────────┐
기준량은 전체 횟수이고
비교하는 양이 실패한 횟수이므로
└──────────────────┘

┌─ 20−12
(실패율)= $\dfrac{(실패한\ 횟수)}{(전체\ 횟수)}$ = $\dfrac{8}{20}$ = 0.4

쌍둥이 문제

2-1 재현이와 민영이는 어린이 농구 대회에 참가하기 위해/ 농구 연습을 했습니다./ 골대에 공을 재현이는 25번 던져서 13번 넣었고/ 민영이는 32번 던져서 16번 넣었습니다./ 누구의 골 성공률이 더 높은지 구하세요.

따라 풀기 ❶

❷

❸

답 _____

문해력 레벨 1

2-2 로봇 배틀 대회는/ 전투 능력을 가진 두 대의 로봇이/ 특정 조건을 목표로 하여 겨루는 경기입니다./ 은정이와 승호는 로봇을 만들어 로봇 배틀 대회에 출전하였습니다./ 두 사람의 대화를 읽고/ 누구의[※]승률이 더 낮은지 구하세요.

> 은정: 나는 15번 경기 중에 9번 이겼어.
> 승호: 나는 20번 경기 중에 13번 이겼어.

스스로 풀기 ❶

문해력 어휘 📖
승률: 참가한 경기 수에 대한
이긴 경기 수의 비율

❷

❸

답 _____

문해력 레벨 2

2-3 지영이는 영어 시험에서 전체 20문제 중 3문제를 틀렸고/ 수학 시험에서는 전체 25문제 중 5문제를 틀렸습니다./ 영어 시험과 수학 시험 중/ 정답률이 더 높은 시험은 어느 것인지 구하세요.

스스로 풀기 ❶ 영어 시험의 정답률을 구하자.

정답률은
전체 문제 수에 대한
맞힌 문제 수의
비율이야.

❷ 수학 시험의 정답률을 구하자.

❸ 위 ❶, ❷에서 구한 정답률이 더 높은 시험을 구하자.

답 _____

수학 문해력 기르기

문해력 문제 3

지아는 가족들과 함께 ※국가 정원에 가서 여러 나무들을 보고 있습니다./ 지아가 같은 시각에 본/ 가와 나 **두 나무의 높이에 대한 그림자 길이의 비율이 같을 때,/ 나 나무의 그림자 길이는 몇 cm**인지 구하세요.
└• 구하려는 것

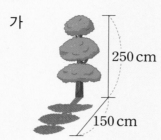

가
250 cm
150 cm

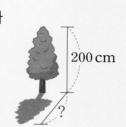

나
200 cm
?

해결 전략

🔲 **문해력 어휘**

국가 정원: 국가(산림청)가 조성하고 나라에서 비용을 지원받아 관리하는 정원

❶ 가 나무의 높이에 대한 그림자 길이의 비율은

$$\dfrac{(\text{가 나무의 } \boxed{} \text{ 길이})}{(\text{가 나무의 높이})}$$ 로 구하고

❷ 나 나무의 그림자 길이를 구하려면
두 나무의 높이에 대한 그림자 길이의 비율이 같으므로
(나 나무의 $\boxed{}$) × (❶에서 구한 비율)을 계산한다.

문제 풀기

❶ (가 나무의 높이에 대한 그림자 길이의 비율) = $\dfrac{150}{\boxed{}}$ = $\boxed{}$

❷ (나 나무의 그림자 길이) = 200 × $\boxed{}$ = $\boxed{}$ (cm)

답 _____

문해력 레벨업

비율과 기준량을 알고 비교하는 양을 구하자.

$$(\text{비율}) = \dfrac{(\text{비교하는 양})}{(\text{기준량})}$$ → $(\text{비교하는 양}) = (\text{기준량}) \times (\text{비율})$

📗 비율이 **0.8**이고 기준량이 **50**일 때 비교하는 양 구하기

$$0.8 = \dfrac{(\text{비교하는 양})}{50}$$ → $(\text{비교하는 양}) = 50 \times 0.8 = 40$

쌍둥이 문제

3-1 같은 시각 과수원에 있는/ 사과나무와 배나무의 높이에 대한 그림자 길이의 비율이 같습니다./ 그림을 보고 배나무의 그림자 길이는 몇 cm인지 구하세요.

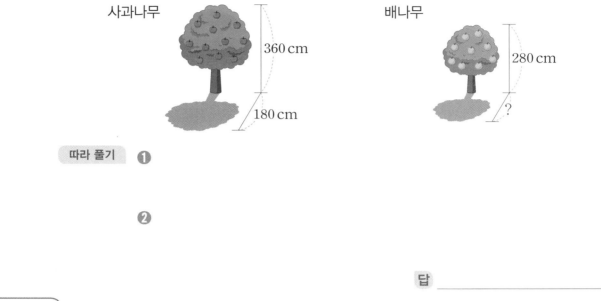

사과나무 360 cm 180 cm

배나무 280 cm ?

따라 풀기 ❶

❷

답 _____

문해력 레벨 1

3-2 같은 시각 같은 곳에 있는/ 지아와 아버지의 키에 대한 그림자 길이의 비율이 같습니다./ 키가 150 cm인 지아의 그림자 길이가 120 cm일 때,/ 키가 185 cm인 아버지의 그림자 길이는 몇 cm인가요?

스스로 풀기 ❶

❷

답 _____

문해력 레벨 2

3-3 같은 시각 하회 마을에 있는/ 두*장승의 높이에 대한 그림자 길이의 비율이 같습니다./ 높이가 215 cm인 남장승의 그림자 길이가 258 cm일 때,/ 높이가 195 cm인 여장승의 그림자 길이는 몇 cm인가요?

스스로 풀기 ❶ 남장승의 높이에 대한 그림자 길이의 비율을 구하자.

문해력 백과 📖

장승: 통나무나 돌에 사람의 얼굴 모양을 새겨 마을 입구나 길가에 세운 것으로 밖에서 들어오는 재앙을 막고 마을의 안과 밖을 구분해 주는 역할을 함.

❷ 비율이 같음을 이용하여 여장승의 그림자 길이를 구하자.

답 _____

수학 문해력 기르기

문해력 문제 4

지호는 마을을 소개하는 책을 만들기 위해 마을 지도를 그렸습니다./
마을 회관에서 보건소까지의 실제 거리는 900 m인데/
지도에는 3 cm로 그렸습니다./
이 지도에서의 거리가 5 cm일 때/ 실제 거리는 몇 m인가요?
└ 구하려는 것

해결 전략

실제 거리에 대한 지도에서의 거리의 비율은

❶ 1 m = [   ] cm임을 이용하여 실제 거리를 cm

단위로 나타낸 후 $\dfrac{(지도에서의 거리)}{([\quad] 거리)}$ 로 구한다.

문해력 주의

실제 거리와 지도에서의 거리의 단위를 꼭 같게 하여 비율을 구해야 해.

실제 거리를 구하려면

❷ 지도에서의 거리와 ❶에서 구한 비율을 이용한다.

문해력 핵심

$\dfrac{(지도에서의 거리)}{(실제 거리)} = \dfrac{1}{\blacksquare}$

➡ (실제 거리)
= (지도에서의 거리) × $\blacksquare$

- - - - - - - - - -

문제 풀기

❶ (마을 회관에서 보건소까지의 실제 거리) = 900 m = [   ] cm

(실제 거리에 대한 지도에서의 거리의 비율) = $\dfrac{3}{[\quad]}$ = $\dfrac{1}{[\quad]}$

❷ (지도에서의 거리가 5 cm일 때 실제 거리)

= 5 × [   ] = [   ] (cm) ➡ [   ] m

답 _____

문해력 레벨업

비율을 이용하여 실제 거리와 지도에서의 거리를 구하자.

예 실제 거리에 대한 지도에서의 거리의 비율이 $\dfrac{1}{2000}$일 때 거리 구하기

① 지도에서의 거리가 3 cm일 때
실제 거리(□) 구하기

$\dfrac{1}{2000} = \dfrac{3}{□}$

□ = 3 × 2000 = 6000 (cm) ➡ 60 m

② 실제 거리가 60 m일 때 지도에서의
거리(□) 구하기 → 6000 cm

$\dfrac{1}{2000} = \dfrac{□}{6000}$

□ = 6000 ÷ 2000 = 3 (cm)

쌍둥이 문제

4-1 유리는※헌혈의 집의 위치를 나타내는 지도를 그렸습니다./ 지하철역에서 헌혈의 집까지의 실제 거리는 800 m인데/ 지도에는 5 cm로 그렸습니다./ 이 지도에서의 거리가 7 cm일 때 실제 거리는 몇 m인가요?

　따라 풀기　❶

문해력 백과 📖

헌혈: 수혈이 필요한 환자의 생명을 구하는 유일한 수단으로 남자는 50 kg, 여자는 45 kg 이상이 되어야 헌혈이 가능함.

❷

답 _____

문해력 레벨 1

4-2 달리기 코스를 나타낸 지도에서/ 3 cm로 그려진 A 코스의 실제 거리는 600 m입니다./ B 코스의 실제 거리가 1400 m일 때/ 지도에서의 거리는 몇 cm인가요?

　스스로 풀기　❶

❷

답 _____

문해력 레벨 2

4-3 실제 거리와 지도에서의 거리의 비율이 $\dfrac{1}{4000}$인 지도에서/ 민아네 밭은 가로가 7 cm, 세로가 5 cm인 직사각형 모양입니다./ 민아네 밭의 실제 넓이는 몇 m²인가요?

　스스로 풀기　❶ 민아네 밭의 실제 가로를 구하자.

❷ 민아네 밭의 실제 세로를 구하자.

❸ 민아네 밭의 실제 넓이를 구하자.

답 _____

3^일 수학 문해력 기르기

관련 단원 비와 비율

문해력 문제 5

유라는 물 190 g에 소금 10 g을 넣어 소금물을 만들었습니다. /
유라가 만든 소금물 양에 대한 소금 양의 비율은 몇 %인지 구하세요.
└ 구하려는 것

해결 전략

소금물 양을 구하려면

❶ (물 양)+(　　　　 양)을 구하고

문해력 핵심

소금물 양은 기준량, 소금 양은 비교하는 양이야.

소금물 양에 대한 소금 양의 비율이 몇 %인지 구하려면

❷ $\dfrac{(소금\ 양)}{(소금물\ 양)} \times 100$을 계산한다.

문제 풀기

❶ (소금물 양)=190+□=□ (g)

❷ (소금물 양에 대한 소금 양의 비율)

$=\dfrac{10}{\boxed{}} \times 100 = \boxed{} \Rightarrow \boxed{}$ %

소금물 양에 대한 소금 양의 비율이 소금물의 진하기야.

답 _____

문해력 레벨업

소금물 양은 소금 양과 물 양을 합한 것임을 이용하자.

$$(소금물\ 양에\ 대한\ 소금\ 양의\ 비율)=\dfrac{(소금\ 양)}{(소금물\ 양)}$$
└ (물 양)+(소금 양)

$$(소금\ 양)=(소금물\ 양) \times (소금물\ 양에\ 대한\ 소금\ 양의\ 비율)$$

예

물 170 g　　소금 30 g　　소금물

(소금물 양)=170+30=200 (g)

진하기가 15 %인 소금물 200 g
└ $\frac{15}{100}$

(소금 양)=$200 \times \dfrac{15}{100} = 30$ (g)

쌍둥이 문제

5-1 유진이는 물 255 g에 설탕 45 g을 넣어 설탕물을 만들었습니다./ 유진이가 만든 설탕물 양에 대한 설탕 양의 비율은 몇 %인지 구하세요.

따라 풀기　❶

❷

답 _____

문해력 레벨 1

5-2 소금물 양에 대한 소금 양의 비율이 12 %인/ 소금물 250 g을 만들려고 합니다./ 필요한 물 양은 몇 g인지 구하세요.

스스로 풀기　❶ 필요한 소금 양을 구하자.

❷ 필요한 물 양을 구하자.

답 _____

문해력 레벨 2

5-3 벌에게 설탕이나 설탕을 끓인 물을 먹여 생산한 꿀을 사양 꿀이라고 합니다./ 사양 꿀 양봉을 하시는 진호 아버지는 물 200 g에 설탕 30 g을 넣어 설탕물을 만들었습니다./ 이 설탕물에 설탕 20 g을 더 넣었다면/ 새로 만든 설탕물에서 설탕물 양에 대한 설탕 양의 비율은 몇 %인가요?

스스로 풀기　❶ 새로 만든 설탕물에 녹아 있는 전체 설탕 양을 구하자.

❷ 새로 만든 설탕물 양을 구하자.

❸ 새로 만든 설탕물에서 설탕물 양에 대한 설탕 양의 비율을 구하자.

답 _____

공부한 날　월　일

3일

79

문해력 문제 6

지호는 명절에 부모님께 받은 용돈을 모아 두 은행에 ※예금하였습니다./
A 은행에 60000원을 예금하고 1년 후에 63000원을 찾았고,/
B 은행에 50000원을 예금하고 1년 후에 52000원을 찾았습니다./
1년 동안의 이자율이 더 높은 은행은 어느 은행인가요?
└ 구하려는 것

해결 전략

> 1년 동안의 이자율이 몇 %인지 구하려면

❶, ❷ (1년 후에 찾은 금액)−(⬜한 금액)을 계산하여 이자를 구한 후

$$\frac{(이자)}{(예금한\ 금액)} \times 100$$ 을 각각 계산한다.

> 이자율이 더 높은 은행을 구하려면

❸ 두 은행의 이자율을 비교한다.

📖 **문해력 어휘**

예금: 일정한 계약에 의하여 금융 기관에 돈을 맡기는 것

문제 풀기

❶ A 은행: (이자)=63000−60000=⬜(원)

$$(이자율)=\frac{⬜}{60000} \times 100=⬜ ➡ ⬜\ \%$$

❷ B 은행: (이자)=⬜−50000=⬜(원)

$$(이자율)=\frac{⬜}{50000} \times 100=⬜ ➡ ⬜\ \%$$

❸ 구한 이자율을 비교하여 답 구하기

⬜ %> ⬜ %이므로 이자율이 더 높은 은행은 ⬜ 은행이다.

답 _____

문해력 레벨업

먼저 이자를 구하여 이자율을 계산하자.

$$(이자율)=\frac{(이자)}{(예금한\ 금액)}$$

예

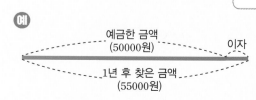

예금한 금액
(50000원)

이자

1년 후 찾은 금액
(50000원)

50000원을 예금한 후 1년 후에 55000원을 찾았다면
(이자)=55000−50000=5000(원)
└ (1년 후에 찾은 금액)−(예금한 금액)

$$(이자율)=\frac{5000}{50000} \times 100=10 ➡ 10\ \%$$

쌍둥이 문제

6-1 은재는 가 은행에 50000원을 예금하고 1년 후에 53500원을 찾았고,/ 나 은행에 90000원을 예금하고 1년 후에 95400원을 찾았습니다./ 1년 동안의 이자율이 더 높은 은행은 어느 은행인가요?

따라 풀기 ❶

❷

❸

답 _____

문해력 레벨 1

6-2 유리는 행복 은행에 85000원을 예금하고 1년 후에 88400원을 찾았고,/ 믿음 은행에 63000원을 예금하고 1년 후에 66150원을 찾았습니다./ 1년 동안의 이자율이 더 낮은 은행은 어느 은행인가요?

스스로 풀기 ❶

❷

❸

답 _____

문해력 레벨 2

6-3 세진이네 삼촌은 전동 킥보드를 사기 위해 모은 50만 원을 은행에 예금하여 1년 후에 515000원을 찾았습니다./ 이 은행에 80만 원을 예금하면/ 1년 후에 찾을 수 있는 금액은 얼마인가요?

스스로 풀기 ❶ 1년 동안의 이자율을 구하자.

❷ 1년 동안 80만 원을 예금할 때의 이자를 구하자.

(이자)＝(예금한 금액)
×(이자율)이야.

❸ 80만 원을 예금할 때 1년 후에 찾을 수 있는 금액을 구하자.

답 _____

수학 문해력 기르기

문해력 문제 7

어느 온라인 쇼핑몰에서 *태블릿 PC를 20 % 할인하여/
56만 원에 판매하고 있습니다./
이 태블릿 PC의 원래 가격은 얼마인가요?
└ 구하려는 것

해결 전략

『 판매 가격이 원래 가격의 몇 %인지 알아보면 』

❶ 판매 가격은 원래 가격의 (100－할인율) %와 같다.

❷ 위 ❶을 이용하여 원래 가격의 10 %가 얼마인지 구한 후

『 원래 가격을 구하려면 』

❸ (원래 가격의 10 %)× ☐ 을/를 계산한다.

📖 문해력 어휘

태블릿 PC: 입력 장치로 키보드나 마우스가 아닌 터치 스크린이 장착된 소형 컴퓨터

문제 풀기

❶ 56만 원은 원래 가격의 ☐ %와 같다.

❷ 원래 가격의 10 %가 얼마인지 구하기

☐ %는 10 %의 8배이므로

(원래 가격의 10 %)＝56만÷8＝☐ 만 (원)

❸ (원래 가격)＝☐ 만×10＝☐ 만 (원)

답 _____

문해력 레벨업 주어진 조건에 따라 식을 세워 가격을 구하자.

• 원래 가격의 30 %를 할인하여 판매할 때

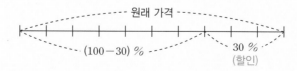

➡ 판매 가격은 원래 가격의 70 %이다.

• 원래 가격이 5000원인 물건을 할인할 때와 이익을 붙여서 팔 때의 가격 구하기

① 10 % 할인하여 팔 때

(할인 금액)＝$5000×\frac{10}{100}=500$(원)
➡ (판매 가격)＝5000－500＝4500(원)

② 10 %의 이익을 붙여서 팔 때

(이익 금액)＝$5000×\frac{10}{100}=500$(원)
➡ (판매 가격)＝5000＋500＝5500(원)

쌍둥이 문제

7-1 어느 전자 제품 판매점에서[※]공기청정기를 30 % 할인하여/ 42만 원에 판매하고 있습니다./ 이 공기청정기의 원래 가격은 얼마인가요?

따라 풀기 ❶

문해력 어휘 📖

공기청정기: 공기 속의 먼지나 세균 따위를 걸러 내어 공기를 깨끗하게 하는 장치

❷

❸

답 _____

문해력 레벨 1

7-2 어느 가게에서 놋그릇을 도매점에서 사 와서/ 20 %의 이익을 붙여 36만 원에 판매하고 있습니다./ 이 놋그릇을 도매점에서 사 온 가격은 얼마인가요?

스스로 풀기 ❶

❷

❸

답 _____

문해력 레벨 2

7-3 어느 가게에서 블루투스 마이크 한 개를 80000원에 사 와서/ 40 %의 이익을 붙여 정가를 정했습니다./ 그런데 팔리지 않아 정가의 20 %를 할인하여 팔았다면/ 할인한 블루투스 마이크 한 개를 팔아 생기는 이익은 얼마인지 구하세요.

스스로 풀기 ❶ 블루투스 마이크의 정가를 구하자.

❷ 할인하여 판매한 가격을 구하자.

이익은 할인하여 판매한 가격에서 처음에 사 온 가격(원가)을 빼면 돼.

❸ 블루투스 마이크 한 개를 팔아 생기는 이익을 구하자.

답 _____

수학 문해력 기르기

문해력 문제 8

일회용품 사용을 줄이면*폐기물이 덜 생기고 환경 오염을 줄일 수 있어/
카페나 식당 등에서는 종이컵과 같은 일회용품 사용에 대한*규제를 실시하고 있습니다./
어느 종이컵 공장의 5월 판매량은 4월 판매량보다 30 %만큼 줄었고,/
6월 판매량은 5월 판매량보다 20 %만큼 줄었습니다./
4월 판매량이 4800상자라면/ 6월 판매량은 몇 상자인가요?
└ 구하려는 것

해결 전략

┌ 5월 판매량을 구하려면 ┐
❶ (4월 판매량)−(4월 판매량의 [   ] %)를 계산한다.

┌ 6월 판매량을 구하려면 ┐
❷ (5월 판매량)−(5월 판매량의 [   ] %)를 계산한다.

> **문해력 어휘**
> 폐기물: 못쓰게 되어 버리는 물건
> 규제: 규칙이나 규정에 의하여 일정한 한도를 정하거나 정한 한도를 넘지 못하게 막음.

문제 풀기

❶ (4월 판매량의 30 %)=$4800 \times \dfrac{30}{100}$=[   ](상자)

(5월 판매량)=4800−[   ]=[   ](상자)

❷ (5월 판매량의 20 %)=[   ]$\times \dfrac{[\quad]}{100}$=[   ](상자)

(6월 판매량)=[   ]−[   ]=[   ](상자)

답 _____

💡 **문해력 레벨업**

조건을 살펴보고 순서대로 식을 세워 구하자.

줄어들면 뺄셈을, 늘어나면 덧셈을 이용한다.

예

4월 판매량 → 20 %만큼 줄어듦(−) → 5월 판매량 → 10 %만큼 늘어남(+) → 6월 판매량

(4월 판매량)
−(4월 판매량의 20 %)

(5월 판매량)
+(5월 판매량의 10 %)

쌍둥이 문제

8-1 손가락 칫솔은 검지에 끼워/ 이가 나지 않은 유아나 이가 약한 노인,/ 반려동물들의 이를 닦는 데 주로 사용합니다./ 어느 일회용 손가락 칫솔을 만드는 공장의/ 5월 판매량은 4월 판매량보다 15 %만큼 줄었고,/ 6월 판매량은 5월 판매량보다 10 %만큼 줄었습니다./ 4월 판매량이 3200개라면/ 6월 판매량은 몇 개인가요?

따라 풀기 ❶

❷

답 _____

문해력 레벨 1

8-2 어느 *밀키트 가게의 6월 판매량은 5월 판매량보다 20 %만큼 늘었고,/ 7월 판매량은 6월 판매량보다 15 %만큼 늘었습니다./ 5월 판매량이 1200개라면/ 7월 판매량은 몇 개인가요?

스스로 풀기 ❶

문해력 백과

밀키트: 요리에 필요한 손질된 식재료와 딱 맞는 양의 양념, 조리법을 세트로 구성해 제공하는 제품

❷

답 _____

문해력 레벨 2

8-3 마스크는 입과 코를 가리는 물건으로 마스크를 쓰면 병균이나 먼지 따위를 막을 수 있습니다./ 어느 마스크 공장의 6월 판매량은 5월 판매량보다 30 %만큼 줄었고,/ 7월 판매량은 6월 판매량보다 20 %만큼 늘었습니다./ 5월 판매량이 5000상자라면/ 5월, 6월, 7월 판매량의 합은 몇 상자인가요?

스스로 풀기 ❶ 5월 판매량의 30 %가 몇 상자인지 구하여 6월 판매량을 구하자.

❷ 6월 판매량의 20 %가 몇 상자인지 구하여 7월 판매량을 구하자.

❸ 5월, 6월, 7월 판매량의 합을 구하자.

답 _____

관련 단원 비와 비율

 1 우리나라 돈을 미국 돈 '달러'로 바꾸려고 합니다./ 오늘 1달러로 바꾸는 데 필요한 우리나라 돈은/ 수수료 20원을 포함하여 1160원이고,/ 환율 우대 쿠폰이 있다면 |보기|와 같이 수수료를 할인받을 수 있습니다./

> ┌보기┐
>
> 환율 10 % 우대 쿠폰이 있다면/ 수수료 20원의 10 %에 해당하는 2원을 할인받아/ 1158원으로 1달러를 바꿀 수 있습니다.

환율 50 % 우대 쿠폰이 있다면/ 20만 원으로 몇 달러까지 바꿀 수 있는지/ 자연수로 구하세요.

해결 전략

- 환율 **10 %** 우대 쿠폰이 있다면
  할인받는 수수료는 수수료 20원의 **10 %**이다.
- 환율 **50 %** 우대 쿠폰이 있다면
  할인받는 수수료는 수수료 20원의 **50 %**이다.

※ 19년 상반기 19번 기출 유형

문제 풀기

❶ 환율 50 % 우대 쿠폰으로 1달러를 바꾸는 데 필요한 우리나라 돈 구하기

할인받는 수수료는 수수료 20원의 50 %이므로 ☐ 원이다.

➔ (필요한 우리나라 돈)=1160− ☐ = ☐ (원)

❷ 20만 원으로 몇 달러까지 바꿀 수 있는지 구하기

답 _____

관련 단원 **비와 비율**

기출 2

작년 유미네 초등학교 학생은 900명이었고/ 여학생 수에 대한 남학생 수의 비는 8 : 7이었습니다./ 올해는 작년보다 남학생은 15 %만큼 줄었고/ 여학생은 20 %만큼 늘었습니다./ 올해 남학생과 여학생 수를 각각 구하세요.

해결 전략

- 올해 남학생은 **15 %**만큼 줄었으므로
  (올해 남학생 수)=(작년 남학생 수)−(작년 남학생 수의 15 %)
- 올해 여학생은 **20 %**만큼 늘었으므로
  (올해 여학생 수)=(작년 여학생 수)+(작년 여학생 수의 20%)

※18년 상반기 21번 기출 유형

문제 풀기

❶ 작년 전체 학생 수에 대한 남학생 수의 비 구하기

작년에 여학생 수에 대한 남학생 수의 비가 ☐ : ☐ 이므로

전체 학생 수에 대한 남학생 수의 비는 ☐ : ☐ 이다.

❷ 작년 남학생 수와 작년 여학생 수 구하기

작년 남학생 수:

작년 여학생 수:

❸ 올해 남학생 수와 올해 여학생 수 구하기

올해 남학생 수:

올해 여학생 수:

답 남학생: _____ , 여학생: _____

수학 문해력 완성하기

융합 3

넓이에 대한 인구의 비율이 높을수록 인구가 밀집한 것입니다./ 오른쪽은 서울특별시의 구를 나타낸 것이고/ 표는 4개의 구의 인구와 넓이를 나타낸 것입니다./
진호는 다음 4개의 구 중에서/ 넓이에 대한 인구의 비율이 둘째로 높은 구에 살고 있습니다./ 진호가 사는 구는 어느 구인지 구하세요.

구	관악구	종로구	서초구	송파구
인구(명)	약 499500	약 153840	약 415950	약 664020
넓이(km²)	약 30	약 24	약 47	약 34

출처: www.seoul.go.kr

해결 전략

• 4개의 구의 $\dfrac{(인구)}{(넓이)}$ 를 구한다.

• 4개의 구의 비율을 비교하여 비율이 둘째로 높은 구는 어디인지 구한다.

문제 풀기

❶ 4개의 구의 넓이에 대한 인구의 비율을 구하기

관악구: $\dfrac{\boxed{}}{30} = \boxed{}$, 종로구: _____

서초구: _____ , 송파구: _____

❷ 넓이에 대한 인구의 비율이 높은 구부터 차례로 쓰기

_____

❸ 진호가 사는 구 구하기

_____

답 _____

관련 단원 비와 비율

융합 4

1년을 단위로 하여 정한 이율을 연이율이라고 합니다./ 다음과 같이 단리법은 원금에 대해서만 이자를 계산하고/ 복리법은 (원금)＋(이자)를 계산한 후/ 새로운 원금으로 계산합니다./ 지수는 연이율이 3 %인 은행에/ 복리법으로 30만 원을 예금하려고 합니다./ 지수가 2년 후에 찾을 수 있는 금액은 얼마인지 구하세요.

연이율 10 %인 은행에 100원을 예금했을 때	단리법		이자	원금과 이자의 합계
	단리법	1년 후	(100원의 10 %)=10원	100원＋10원=110원
		2년 후	(100원의 10 %)=10원	110원＋10원=120원
	복리법		이자	원금과 이자의 합계
	복리법	1년 후	(100원의 10 %)=10원	100원＋10원=110원
		2년 후	(110원의 10 %)=11원	110원＋11원=121원

해결 전략

• 단리법으로 계산하면 (1년 후의 원금)＝(처음 원금)＝**30만 원**이다.
• 복리법으로 계산하면 (1년 후의 원금)＝(처음 원금)＋(1년 동안의 이자)이다.

문제 풀기

❶ 복리법으로 예금할 때 2년 동안의 이자 구하기

(처음 1년 동안의 이자)＝300000 × ☐ ＝ ☐ (원)

(나머지 1년 동안의 이자)＝(300000＋ ☐) × ☐ ＝ ☐ (원)

➡ (2년 동안의 이자)＝ ☐ ＋ ☐ ＝ ☐ (원)

❷ 복리법으로 예금할 때 2년 후에 찾을 수 있는 금액 구하기

답 _____

문제를 읽고 조건을 표시하면서 풀어 봅니다.

70쪽 문해력 1

1 ※무인 라면 가게에서 어제 팔린 라면은 86개이고 오늘 팔린 라면은 어제보다 11개 더 많습니다. 어제 팔린 라면 수에 대한 오늘 팔린 라면 수의 비를 쓰세요.

풀이

답 _____

72쪽 문해력 2

2 야구 연습을 하는데 민우는 40타수 중에서 안타를 14번 쳤고, 서진이는 30타수 중에서 안타를 12번 쳤습니다. 누구의 타율이 더 높은지 구하세요.

풀이

답 _____

78쪽 문해력 5

3 재희는 물 258 g에 설탕 42 g을 넣어 설탕물을 만들었습니다. 재희가 만든 설탕물 양에 대한 설탕 양의 비율은 몇 %인지 구하세요.

풀이

답 _____

문해력 어휘 📖
무인 라면 가게: 소비자가 스스로 라면을 끓여 먹는 가게

72쪽 문해력 2

4 어린이 바둑 대회에 출전한 지유와 민재의 대화입니다. 누구의 승률이 더 낮은지 구하세요.

> 지유: 나는 12번 경기 중에 6번 이겼어.
>
> 민재: 나는 15번 경기 중에 9번 이겼어.

출처: ©Getty Images Bank

풀이

답 _____

74쪽 문해력 3

5 같은 시각에 가와 나 두 나무의 높이에 대한 그림자 길이의 비율이 같습니다. 그림을 보고 나 나무의 그림자 길이는 몇 cm인지 구하세요.

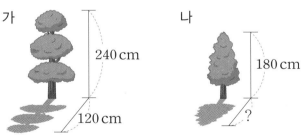

가 240 cm 120 cm

나 180 cm ?

풀이

답 _____

수학 문해력 평가하기

76쪽 문해력 4

6 주민센터에서 우체국까지의 실제 거리는 500 m인데 유리가 그린 마을 지도에는 2 cm로 그렸습니다. 이 지도에서의 거리가 5 cm일 때 실제 거리는 몇 m인가요?

풀이

답 _____

82쪽 문해력 7

7 어느 전자 제품 판매점에서 [※]서큘레이터를 20 % 할인하여 16만 원에 판매하고 있습니다. 이 서큘레이터의 원래 가격은 얼마인가요?

풀이

답 _____

78쪽 문해력 5

8 소금물 양에 대한 소금 양의 비율이 8 %인 소금물 300 g을 만들려고 합니다. 필요한 물 양은 몇 g인지 구하세요.

풀이

답 _____

문해력 백과

서큘레이터: 실내의 공기를 순환시키는 가정용 전기 기구로 실내의 온도 차를 작게 하고 냉난방 효과를 높인다.

84쪽 문해력 8

9 어느 모자 공장의 5월 판매량은 4월 판매량보다 20 %만큼 줄었고, 6월 판매량은 5월 판매량보다 15 % 만큼 줄었습니다. 4월 판매량이 3500개라면 6월 판매량은 몇 개인가요?

> 풀이

> 답 _____

80쪽 문해력 6

10 가 은행에 50000원을 예금하였더니 1년 후에 53000원이 되었고, 나 은행에 80000원을 예금하였더니 1년 후에 85600원이 되었습니다. 1년 동안의 이자율이 더 높은 은행은 어느 은행인가요?

> 풀이

> 답 _____

각기둥과 각뿔
직육면체의 부피와 겉넓이

우리는 주변에서 각기둥과 각뿔 모양의 물건을 흔히 볼 수 있어요. 두 입체
도형의 특징과 차이를 알면 문제를 쉽게 풀 수 있어요.
각기둥 모양인 직육면체의 부피와 겉넓이 구하는 방법을 이용하여 다양한
문장제 문제를 해결해 봐요.

이번 주에 나오는 어휘 & 지식백과 🔍

101쪽 **가공** (加 더할 가, 工 장인 공)
원자재나 반제품을 인공적으로 처리하여 새로운 제품을 만들거나 제품의 질을 높임.

101쪽 **공예품** (工 장인 공, 藝 재주 예, 品 물건 품)
실용적이면서 예술적 가치가 있게 만든 물품

103쪽 **다육이**
'다육 식물'을 귀엽게 이르는 말로 잎이나 줄기 속에 많은 수분을 가지고 있는 선인장 같은 식물을 말함.

108쪽 **체더치즈** (Cheddarcheese)
가공하지 아니한 치즈의 하나로 단단하고 굳으면서도 부드러운 신맛이 있음.

109쪽 **식물성 단백질** (植 심을 식, 物 물건 물, 性 성품 성, 蛋 새알 단, 白 흰 백, 質 바탕 질)
콩이나 곡류와 같이 식물체 속에 들어 있는 단백질을 말한다. 또한 동물성 단백질은 동물체나 동물성 식품에 함유되어 있는 단백질로 식물성 단백질보다 영양가가 높다.

113쪽 **앙금**
녹말 따위의 아주 작고 부드러운 가루가 물에 가라앉아 생긴 층

118쪽 **빛의 굴절과 분산** 굴절(屈 굽힐 굴, 折 꺾을 절), 분산(分 나눌 분, 散 흩을 산)
빛의 굴절: 빛이 곧게 나아가다가 다른 물질을 만나 꺾이는 것
빛의 분산: 빛이 굴절되는 정도가 달라서 여러 색으로 나누어지는 현상

문해력 기초 다지기

문장제에 적용하기

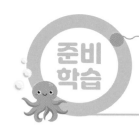

기초 문제가 어떻게 문장제가 되는지 알아봅니다.

1 각기둥의 이름 구하기

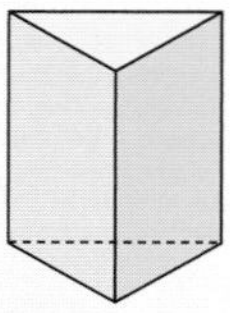

→ [ ]

밑면의 모양이 **삼각형**인 **각기둥의 이름**을 쓰세요.

답 ____________

2

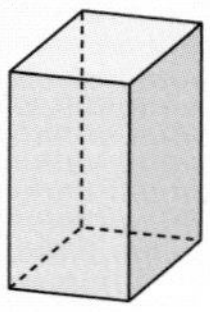

면의 수: [ ]개

꼭짓점의 수: [ ]개

모서리의 수: [ ]개

한 밑면의 변의 수가 **4개**인
각기둥의 면, 꼭짓점, 모서리의 수를 각각 쓰세요.

꼭! 단위까지 따라 쓰세요.

답 면의 수: ____________개

꼭짓점의 수: ____________개

모서리의 수: ____________개

3

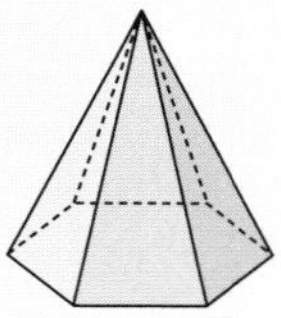

면의 수: [ ]개

꼭짓점의 수: [ ]개

모서리의 수: [ ]개

밑면의 변의 수가 **6개**인
각뿔의 면, 꼭짓점, 모서리의 수를 각각 쓰세요.

답 면의 수: ____________개

꼭짓점의 수: ____________개

모서리의 수: ____________개

4

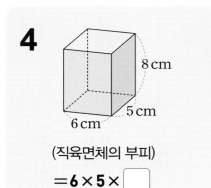

(직육면체의 부피)

$= 6 \times 5 \times \boxed{}$

$= \boxed{}$ (cm³)

가로가 **6 cm**, 세로가 **5 cm**, 높이가 **8 cm**인
직육면체 모양의 상자가 있습니다.
이 상자의 부피는 몇 **cm³**인가요?

식 ___ $6 \times 5 \times 8 = \boxed{}$ ___

꼭! 단위까지 따라 쓰세요.

답 _____ cm³

5

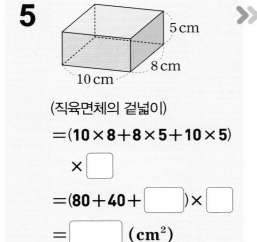

(직육면체의 겉넓이)

$= (10 \times 8 + 8 \times 5 + 10 \times 5)$

$\times \boxed{}$

$= (80 + 40 + \boxed{}) \times \boxed{}$

$= \boxed{}$ (cm²)

가로가 **10 cm**, 세로가 **8 cm**, 높이가 **5 cm**인
직육면체 모양의 벽돌이 있습니다.
이 벽돌의 **겉넓이**는 몇 **cm²**인가요?

식 _____

답 _____ cm²

6

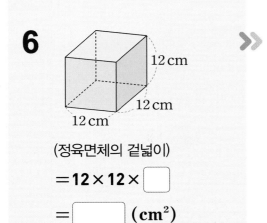

(정육면체의 겉넓이)

$= 12 \times 12 \times \boxed{}$

$= \boxed{}$ (cm²)

한 모서리의 길이가 **12 cm**인
정육면체 모양의 케이크가 있습니다.
이 케이크의 **겉넓이**는 몇 **cm²**인가요?

식 _____

답 _____ cm²

○ 간단한 문장제를 풀어 봅니다.

1 오각뿔의 **꼭짓점의 수**와 **모서리의 수**의 합은 몇 개인가요?

풀이 꼭짓점의 수: ☐ 개, 모서리의 수: ☐ 개

➡ ☐ + ☐ = ☐ (개)

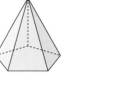

답 _____

2 옆면이 오른쪽 그림과 같은 **직사각형 6개**로 이루어진 **각기둥**의 이름을 쓰세요.

답 _____

3 옆면이 오른쪽 그림과 같은 **삼각형 8개**로 이루어진 **각뿔**의 이름을 쓰세요.

답 _____

4 가로가 **7 cm**, 세로가 **5 cm**, 높이가 **3 cm**인 **직육면체** 모양의 비누가 있습니다.
이 비누의 **부피**는 몇 **cm³**인가요?

식 _____   답 _____

5 한 모서리의 길이가 **8 cm**인 **정육면체** 모양의 주사위가 있습니다.
이 주사위의 **부피**는 몇 **cm³**인가요?

식 _____   답 _____

6 가로가 **12 cm**, 세로가 **9 cm**, 높이가 **6 cm**인 **직육면체** 모양의 저금통이 있습니다.
이 저금통의 **겉넓이**는 몇 **cm²**인가요?

식 _____   답 _____

7 한 모서리의 길이가 **15 cm**인 **정육면체** 모양의 과자 상자가 있습니다.
이 과자 상자의 **겉넓이**는 몇 **cm²**인가요?

15 cm

식 _____   답 _____

수학 문해력 기르기

문해력 문제 1

진호는 도화지에 각기둥을 그렸습니다./
모서리가 18개인 각기둥을 그렸다면/
이 각기둥의 면의 수와 꼭짓점의 수의 합은 몇 개인가요?
└ 구하려는 것

해결 전략

┌ 각기둥의 한 밑면의 변의 수를 구하려면 ┐
❶ (모서리의 수)=(한 밑면의 변의 수)×3을 이용하고,

┌ 각기둥의 면의 수와 꼭짓점의 수를 구하려면 ┐
❷ (면의 수)=(한 밑면의 변의 수)+ ☐ ,

(꼭짓점의 수)=(한 밑면의 변의 수)×2를 구한다.

❸ 위 ❷에서 구한 면의 수와 꼭짓점의 수를 더한다.

문제 풀기

❶ 한 밑면의 변의 수 구하기

각기둥의 한 밑면의 변의 수를 ■개라 하면

모서리가 18개이므로 ■× ☐ =18, ■= ☐ 이다.

❷ (면의 수)= ☐ +2= ☐ (개), (꼭짓점의 수)= ☐ ×2= ☐ (개)

❸ (면의 수)+(꼭짓점의 수)= ☐ + ☐ = ☐ (개)

답 _____

문해력 레벨업

각기둥과 각뿔의 구성 요소의 수 구하는 방법을 이용하자.

예 도형	△ 삼각기둥	◇ 삼각뿔
한 밑면의 변의 수	3개	3개
면의 수	(3+2)개	(3+1)개
모서리의 수	(3×3)개	(3×2)개
꼭짓점의 수	(3×2)개	(3+1)개

• 정답과 해설 **21쪽**

복습책 31쪽에 유사, 심화문제 제공

1-1 모서리가 27개인 각기둥이 있습니다./ 이 각기둥의 면의 수와 꼭짓점의 수의 합은 몇 개인가요?

따라 풀기 ❶

❷

❸

답 _____

문해력 레벨 1

1-2 꼭짓점이 9개인 각뿔이 있습니다./ 이 각뿔의 면의 수와 모서리의 수의 합은 몇 개인가요?

스스로 풀기 ❶

❷

❸

답 _____

문해력 레벨 2

1-3 나무를 ※가공한 ※공예품을 만드는 것을 목공예라고 합니다./ 진아는 목공예 수업 시간에/ 모서리의 수와 꼭짓점의 수의 합이 35개인 각기둥을 만들려고 합니다./ 진아가 만들 각기둥의 면은 몇 개인지 구하세요.

스스로 풀기 ❶ 각기둥의 한 밑면의 변의 수를 개라 하여 모서리의 수와 꼭짓점의 수의 합을 나타내는 식을 만들자.

출처: ⓒKzenon/ shutterstock

문해력 어휘 📖
가공: 원자재 등을 인공적으로 처리하여 새로운 제품을 만들거나 제품의 질을 높임.
공예품: 실용적이면서 예술적 가치가 있게 만든 물품

❷ 각기둥의 한 밑면의 변의 수를 구하자.

❸ 각기둥의 면의 수를 구하자.

답 _____

공부한 날

월

일

1일

수학 문해력 기르기

문해력 문제 2

진아는 가족들과 함께 캠핑을 가서 **각뿔 모양**의 텐트를 쳤습니다./
텐트의 **밑면과 옆면의 모양**이 다음과 같을 때/
이 각뿔 모양 텐트의 **모든 모서리의 길이의 합**은 몇 cm인가요?/ (단, 옆면은 모두 합동입니다.)

└ 구하려는 것

밑면

200 cm   200 cm

150 cm

옆면

해결 전략

〔각뿔의 이름을 구하려면〕
❶ **밑면의 모양**을 알아본다.

〔각뿔의 모든 모서리의 길이의 합을 구하려면〕
❷ 길이가 150 cm인 모서리의 수와 길이가 ⬚ cm인 모서리의 수를 구하여

❸ 위 ❷에서 구한 **모서리의 길이**를 모두 더한다.

- -

문제 풀기

❶ 밑면이 정사각형이므로 각뿔의 이름은 ⬚ 이다.

❷ 길이가 150 cm인 모서리는 ⬚ 개, 길이가 200 cm인 모서리는 ⬚ 개이다.

❸ (각뿔 모양 텐트의 모든 모서리의 길이의 합)

$= 150 \times \boxed{} + 200 \times \boxed{} = \boxed{} + \boxed{} = \boxed{}$ (cm)

답 _____

문해력 레벨업

밑면과 옆면의 모양으로 입체도형의 이름을 찾자.

예 오각기둥과 오각뿔의 비교

	오각기둥	오각뿔
밑면의 모양	오각형	오각형
옆면의 모양	직사각형	삼각형

옆면이 모두 합동인 경우 같은 색으로 표시한 부분끼리 길이가 같아.

2-1 은서는 각뿔을 만들었습니다./ 각뿔의 밑면과 옆면의 모양이 다음과 같을 때/ 각뿔의 모든 모서리의 길이의 합은 몇 cm인가요?/ (단, 옆면은 모두 합동입니다.)

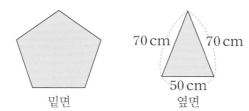

밑면　　　　옆면

따라 풀기　❶

　　　　　❷

　　　　　❸

답 _____

문해력 레벨 1

2-2 밑면은 한 변의 길이가 6 cm인 정팔각형이고/ 옆면은 오른쪽과 같은 직사각형으로 이루어진 각기둥이 있습니다./ 이 각기둥의 모든 모서리의 길이의 합은 몇 cm인가요?

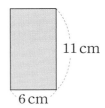

11 cm

6 cm

스스로 풀기　❶

　　　　　❷

　　　　　❸

답 _____

문해력 레벨 2

2-3 민지는 *다육이를 포장하기 위해/ 밑면은 한 변의 길이가 12 cm인 정육각형이고,/ 옆면은 오른쪽과 같은 직사각형으로 이루어진 각기둥 모양의 상자를 만들었습니다./ 민지가 만든 상자의 높이가 15 cm일 때/ 상자의 모든 모서리의 길이의 합은 몇 cm인가요?

12 cm

스스로 풀기　❶ 각기둥의 이름을 찾자.

문해력 백과 📖

다육이: '다육 식물'을 귀엽게 이르는 말로 잎이나 줄기 속에 많은 수분을 가지고 있는 선인장 같은 식물을 말함.

❷ 길이가 12 cm, 15 cm인 모서리는 각각 몇 개인지 구하자.

❸ 상자의 모든 모서리의 길이의 합을 구하자.

답 _____

문해력 문제 3

책상에 여러 가지 모양의 **각뿔**이 있습니다./
은호는 **꼭짓점이 7개**인 각뿔을 골랐습니다./
이 각뿔과 **밑면의 모양이 같은**/ 각기둥의 면은 몇 개인가요?
└ 구하려는 것

해결 전략

각뿔의 밑면의 변의 수를 구하려면

❶ (꼭짓점의 수)=(밑변의 변의 수)+ ☐ 을/를 이용하고

❷ 각뿔과 **밑면의 모양이 같은** 각기둥의 이름을 찾은 후

위 ❷에서 찾은 각기둥의 면의 수를 구하려면

❸ (한 밑면의 변의 수)+2를 구한다.

문제 풀기

❶ 각뿔의 밑면의 변의 수를 ■개라 하면
꼭짓점이 7개이므로 ■+ ☐ =7, ■= ☐ 이다.

❷ 밑면의 변의 수가 ☐ 개이므로 각뿔의 이름은 ☐ 뿔이고
이 각뿔과 밑면의 모양이 같은 각기둥은 ☐ 기둥이다.

❸ (☐ 각기둥의 면의 수)= ☐ +2= ☐ (개)

답 _____

문해력 레벨업

먼저 구성 요소의 수가 주어진 입체도형의 이름을 구하자.

	■각기둥	■각뿔
한 밑면의 변의 수	■개	■개
면의 수	(■+2)개	(■+1)개
모서리의 수	(■×3)개	(■×2)개
꼭짓점의 수	(■×2)개	(■+1)개

예 모서리가 8개인 각뿔의 이름 구하기
각뿔의 밑면의 변의 수를 ☐ 개라 하면 ☐ ×2=8이므로 ☐ =4이다.
➔ 밑면의 변의 수가 4개이므로 각뿔의 이름은 사각뿔이다.

쌍둥이 문제

3-1 면이 9개인 각뿔이 있습니다./ 이 각뿔과 밑면의 모양이 같은/ 각기둥의 모서리는 몇 개인 가요?

따라 풀기 ❶

❷

❸

답 _____

문해력 레벨 1

3-2 모서리가 21개인 각기둥이 있습니다./ 이 각기둥과 밑면의 모양이 같은/ 각뿔의 면은 몇 개 인가요?

스스로 풀기 ❶

❷

❸

답 _____

문해력 레벨 2

3-3 면, 모서리, 꼭짓점의 수의 합이 38개인 각뿔이 있습니다./ 이 각뿔과 밑면의 모양이 같은/ 각기둥의 꼭짓점은 몇 개인가요?

스스로 풀기 ❶ 각뿔의 밑면의 변의 수를 구하자.

❷ 각뿔과 밑면의 모양이 같은 각기둥의 이름을 찾자.

❸ 위 ❷에서 찾은 각기둥의 꼭짓점의 수를 구하자.

답 _____

수학 문해력 기르기

관련 단원 각기둥과 각뿔

문해력 문제 4

은호는 **밑면이 정사각형**이고 **높이가 5 cm**인 **각기둥**을 만들었습니다./
이 각기둥의 **모든 모서리의 길이의 합이 44 cm**일 때/
밑면의 한 변의 길이는 몇 cm인가요?
└ 구하려는 것

해결 전략

┌ 길이가 같은 모서리가 몇 개씩 있는지 구하려면 ┐

❶ 두 **밑면의 변**의 수를 구하고
❷ **높이의 모서리**의 수를 구한다.

┌ 밑면의 한 변의 길이를 구하려면 ┐

❸ (모든 모서리의 길이의 합)
= (밑면의 한 변 × ❶에서 구한 수) + (높이 × ❷에서 구한 수)를 이용하여 구한다.

> **문해력 핵심**
> 밑면의 모양이 ●각형인 각기둥에서 (두 밑면의 변의 수) = (● × 2)개야.

문제 풀기

❶ 각기둥의 밑면의 한 변의 길이를 ■ cm라 하면
길이가 ■ cm인 모서리가 4 × 2 = ☐ (개) 있고,

❷ 길이가 5 cm인 모서리가 ☐ 개 있다.

❸ 밑면의 한 변의 길이 구하기
(각기둥의 모든 모서리의 길이의 합) = (■ × 8) + (5 × ☐) = 44

→ ■ × 8 + ☐ = 44, ■ × 8 = ☐, ■ = ☐ 이므로
밑면의 한 변의 길이는 ☐ cm이다.

답 _____

문해력 레벨업

길이가 같은 모서리가 몇 개씩 있는지 찾아 모르는 모서리의 길이를 구하자.

예 밑면이 정삼각형인 각기둥에서 길이가 같은 모서리의 수 알아보기

(한 밑면의 변의 수) × 2
☐ cm인 모서리가 **6개**,
4 cm인 모서리가 **3개**

4 cm
☐ cm

예 밑면이 정삼각형이고 옆면이 모두 이등변삼각형인 각뿔에서 길이가 같은 모서리의 수 알아보기

밑면의 변의 수
☐ cm인 모서리가 **3개**,
9 cm인 모서리가 **3개**

9 cm
☐ cm

• 정답과 해설 **22쪽**

🎓 복습책 34쪽에 유사, 심화문제 제공

쌍둥이 문제

4-1 밑면이 정오각형이고 높이가 7 cm인 각기둥이 있습니다./ 이 각기둥의 모든 모서리의 길이의 합이 155 cm일 때/ 밑면의 한 변의 길이는 몇 cm인가요?

따라 풀기 ❶

❷

❸

답 _____

문해력 레벨 1

4-2 밑면이 오른쪽과 같은 정삼각형인 각기둥의 모든 모서리의 길이의 합이 171 cm입니다./ 이 각기둥의 높이는 몇 cm인가요?

21 cm

스스로 풀기 ❶

❷

❸

답 _____

문해력 레벨 2

4-3 지혜는 철사를 사용하여/ 오른쪽과 같이 밑면이 정사각형이고 옆면이 모두 이등변삼각형인 각뿔을 만들었습니다./ 각뿔을 만드는 데 철사를 175 cm 사용했을 때/ 밑면의 한 변의 길이는 몇 cm인가요?/ (단, 꼭 짓점마다 연결하는 데 철사를 3 cm씩 사용했습니다.)

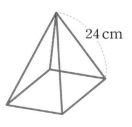

24 cm

스스로 풀기 ❶ 꼭짓점마다 연결하는 데 사용한 철사의 길이의 합을 구하자.

❷ 각뿔의 모든 모서리의 길이의 합을 구하자.

❸ 각뿔의 밑면의 한 변의 길이를 구하자.

답 _____

수학 문해력 기르기

문해력 문제 5

※체더치즈는 영국의 체더 마을에서 유래한 치즈로/ 영국에서 가장 많이 판매되고 있습니다./
왼쪽 체더치즈를 오른쪽 상자에 빈틈없이 가득 담으려고 합니다./
체더치즈를 모두 몇 개 담을 수 있는지 구하세요./
└▶구하려는 것

(단, 체더치즈와 상자는 직육면체 모양입니다.)

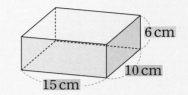

해결 전략

┌ 가로, 세로, 높이로 놓는 체더치즈의 수를 구하려면 ┐

❶ (상자의 **가로**)÷(체더치즈의 **가로**),

(상자의 **세로**)÷(체더치즈의 [   ]),

(상자의 **높이**)÷(체더치즈의 [   ])을/를 각각 계산하고

┌ 상자에 담을 수 있는 체더치즈의 수를 구하려면 ┐

❷ 위 ❶에서 구한 수를 모두 곱한다.

📖 **문해력 백과**

체더치즈: 가공하지 아니한 치즈의 하나로 단단하고 굳으면서도 부드러운 신맛이 있음.

문제 풀기

❶ (가로로 놓는 체더치즈의 수)=15÷5=[   ](개)

(세로로 놓는 체더치즈의 수)=10÷[   ]=[   ](개)

(높이로 쌓는 체더치즈의 수)=6÷[   ]=[   ](개)

❷ (상자에 담을 수 있는 체더치즈의 수)=[   ]×[   ]×[   ]=[   ](개)

답 _____

💡 **문해력 레벨업**

가로, 세로, 높이로 각각 물건을 몇 개씩 놓을 수 있는지 구하자.

📝 가로가 5 cm, 세로가 4 cm, 높이가 3 cm인 직육면체 모양의 상자에 한 모서리가 1 cm인 쌓기나무 쌓기

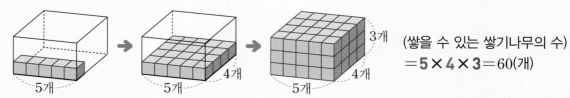

(쌓을 수 있는 쌓기나무의 수)
=**5×4×3**=60(개)

• 정답과 해설 23쪽
🏠 복습책 35쪽에 유사, 심화문제 제공

쌍둥이 문제

5-1 두부는 콩으로 만든 음식으로/ ※식물성 단백질이 풍부하여 근력·면역력 등을 향상시키는데 도움을 줍니다./ 왼쪽 두부를 오른쪽 상자에 빈틈없이 가득 담으려고 합니다./ 두부를 모두 몇 개 담을 수 있는지 구하세요./ (단, 두부와 상자는 직육면체 모양입니다.)

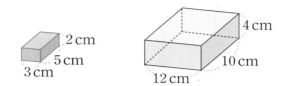

따라 풀기 ❶

문해력 어휘 🔖
식물성 단백질: 콩이나 곡류와 같이 식물체 속에 들어 있는 단백질

❷

답 _____

문해력 레벨 1

5-2 가로가 4 m, 세로가 2 m, 높이가 8 m인/ 직육면체 모양의 컨테이너가 있습니다./ 이 컨테이너에 한 모서리의 길이가 50 cm인 정육면체 모양의 상자를/ 빈틈없이 가득 쌓으려고 합니다./ 정육면체 모양의 상자를 모두 몇 개 쌓을 수 있는지 구하세요.

스스로 풀기 ❶

단위를 cm로
통일하여 계산해.

❷

답 _____

문해력 레벨 2

5-3 오른쪽 그림과 같이 가로가 200 cm, 세로가 120 cm인 직육면체 모양의 통 안에/ 한 모서리의 길이가 20 cm인 정육면체 모양의 상자를/ 빈틈없이 가득 쌓았습니다./ 통 안에 상자를 모두 900개 쌓았다면/ 통의 높이는 몇 cm인가요?

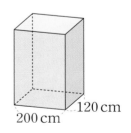
120 cm
200 cm

스스로 풀기 ❶ 통의 한 층에 놓는 상자의 수를 구하자.

❷ 쌓은 전체 상자 수를 이용하여 상자를 몇 층으로 쌓았는지 구하자.

❸ 통의 높이를 구하자.

답 _____

관련 단원 **직육면체의 부피와 겉넓이**

문해력 문제 6

※닥나무 껍질의 섬유를 원료로 하여 만든 전통 종이를 한지라고 합니다./
유진이는 한지로 **직육면체 모양의 전등**을 만들었습니다./
만든 전등을 위, 앞에서 본 모양을 보고/ **전등의 겉넓이**를 구하세요.
└ 구하려는 것

- 위에서 본 모양: **가로가 15 cm, 세로가 6 cm**인 직사각형
- 앞에서 본 모양: **가로가 15 cm, 세로가 12 cm**인 직사각형

해결 전략

위, 앞에서 본 모양을 이용하여

❶ 겨냥도를 그려 가며 전등의 **가로, 세로, 높이**를 구한다.

직육면체의 겉넓이를 구하려면

❷ (한 꼭짓점에서 만나는 세 면의 넓이의 합)× ☐ 을/를 계산한다.

문제 풀기

❶ 직육면체 모양 전등의 겨냥도:

📖 문해력 백과
닥나무: 뽕나뭇과로 껍질의 섬유는 종이의 원료가 되며 열매는 약재로 쓰임.

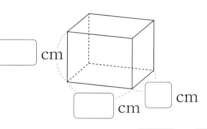

☐ cm
☐ cm   ☐ cm

❷ (전등의 겉넓이)=(15×6+15× ☐ + ☐ × ☐)×2

= ☐ ×2= ☐ (cm²)

답 _____

문해력 레벨업

두 방향에서 본 모양으로 직육면체의 겨냥도를 그려 보자.

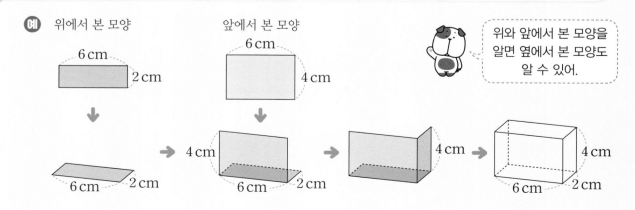

예 위에서 본 모양   앞에서 본 모양

위와 앞에서 본 모양을 알면 옆에서 본 모양도 알 수 있어.

쌍둥이 문제

6-1 서진이는 직육면체 모양의 백설기를 사 왔습니다./ 백설기를 위, 앞에서 본 모양을 보고/ 백설기의 겉넓이를 구하세요.

> • 위에서 본 모양: 가로가 11 cm, 세로가 8 cm인 직사각형
> • 앞에서 본 모양: 가로가 11 cm, 세로가 5 cm인 직사각형

따라 풀기 ❶

❷

답 _____

문해력 레벨 1

6-2 재희는 정육면체 모양의 주사위를 만들었습니다./ 주사위를 위, 앞, 옆에서 본 모양이 모두/ 한 변의 길이가 $\frac{3}{20}$ m인 정사각형 모양입니다./ 이 주사위의 겉넓이는 몇 cm²인가요?

스스로 풀기 ❶ 주사위의 한 모서리의 길이를 구하자.

❷ 주사위의 겉넓이를 구하자.

답 _____

문해력 레벨 2

6-3 직육면체 모양의 서랍장을 위에서 본 모양은/ 가로가 30 cm, 세로가 25 cm인 직사각형 모양입니다./ 이 서랍장의 부피가 9000 cm³일 때/ 서랍장의 겉넓이는 몇 cm²인가요?

스스로 풀기 ❶ 서랍장의 부피를 이용하여 서랍장의 높이를 구하자.

❷ 겨냥도를 그리고 서랍장의 겉넓이를 구하자.

답 _____

수학 문해력 기르기

문해력 문제 7

오른쪽 그림과 같은 직육면체 모양의 카스텔라를 잘라서/ 가장 큰 정육면체를 만들었더니/ 겉넓이가 384 cm²였습니다./ 만든 정육면체의 부피는 몇 cm³인가요?
└ 구하려는 것

해결 전략

┌ 정육면체의 한 면의 넓이를 구하려면 ┐
❶ (정육면체의 겉넓이) ◯ (면의 수)를 계산하고
└ +, −, ×, ÷ 중 알맞은 것 쓰기

┌ 정육면체의 한 모서리의 길이를 구하려면 ┐
❷ (한 모서리의 길이)×(한 모서리의 길이)=(정육면체의 한 면의 넓이)를 이용한다.

┌ 정육면체의 부피를 구하려면 ┐
❸ (한 모서리의 길이) ◯ (한 모서리의 길이) ◯ (한 모서리의 길이)를 계산한다.

문제 풀기

❶ (만든 정육면체의 한 면의 넓이)=384÷[   ]=[   ] (cm²)

❷ 정육면체의 한 모서리의 길이를 ■ cm라 하면

　■×■=[   ]이므로 ■=[   ]이다.

❸ (정육면체의 부피)=[   ]×[   ]×[   ]=[   ] (cm³)

답 ＿＿＿＿＿＿＿＿＿＿＿

문해력 레벨업

정육면체의 겉넓이를 이용하여 부피를 구하자.

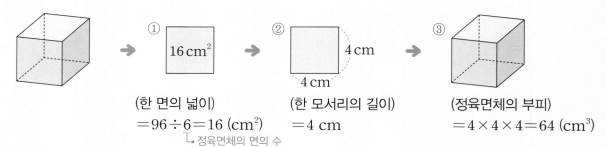

예 겉넓이가 96 cm²인 정육면체의 부피 구하기

	① 16 cm²	② 4 cm / 4 cm	③
	(한 면의 넓이) =96÷6=16 (cm²) └ 정육면체의 면의 수	(한 모서리의 길이) =4 cm	(정육면체의 부피) =4×4×4=64 (cm³)

• 정답과 해설 **24**쪽

🎓 복습책 37쪽에 유사, 심화문제 제공

쌍둥이 문제

7-1 오른쪽 그림과 같은 직육면체 모양의*무지개떡을 잘라서/ 가장 큰 정육면체를 만들었더니/ 겉넓이가 726 cm²였습니다./ 만든 정육면체의 부피는 몇 cm³인가요?

따라 풀기 ❶

❷

문해력 어휘 📖
무지개떡: 층마다 다른 여러 가지 빛깔을 넣어서 시루에 찐 떡

❸

답 _____

문해력 레벨 1

7-2 은주와 세희는 찰흙으로 정육면체를 만들었습니다./ 세희는 은주가 만든 정육면체의 각 모서리의 길이를 3배로 늘여/ 겉넓이가 1350 cm²인 정육면체를 만들었습니다./ 은주가 만든 정육면체의 한 모서리의 길이는 몇 cm인가요?

스스로 풀기 ❶

❷

❸

답 _____

문해력 레벨 2

7-3 도토리묵은 도토리 가루의*앙금을 끓이고 식혀서 굳힌 음식으로/ 칼로리가 낮고 식이섬유가 풍부한 음식입니다./ 오른쪽 그림과 같은 직육면체 모양의 도토리묵을 잘라서 가장 큰 정육면체를 만들었더니/ 겉넓이가 1536 cm²였습니다./ 정육면체를 잘라 내고 남은 부분의 부피는 몇 cm³인가요?

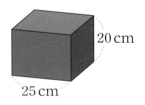

20 cm

25 cm

스스로 풀기 ❶ 만든 가장 큰 정육면체의 한 면의 넓이를 구하자.

문해력 어휘 📖
앙금: 녹말 따위의 아주 잘고 부드러운 가루가 물에 가라앉아 생긴 층

❷ 가장 큰 정육면체의 한 모서리의 길이를 구하자.

❸ 가장 큰 정육면체를 잘라 내고 남은 부분의 부피를 구하자.

답 _____

공부한 날

월

일

4일

수학 문해력 기르기

문해력 문제 8

오른쪽 입체도형은/ 한 모서리의 길이가 2 cm인 쌓기나무 8개를 붙여서 만든 것입니다./
이 입체도형의 겉넓이는 몇 cm²인가요?
└ 구하려는 것

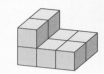

해결 전략

쌓기나무의 한 면의 넓이를 구하려면

❶ (한 모서리의 길이) ◯ (한 모서리의 길이)를 계산하고
└ +, −, ×, ÷ 중 알맞은 것 쓰기

> **문해력 핵심**
> 바닥에 있는 면의 수도 빠뜨리지 말고 꼭 세어 보자.

겉면을 이루는 쌓기나무의 면의 수를 구하려면

❷ 바닥면을 포함하여 면의 수를 모두 세어 본다.

입체도형의 겉넓이를 구하려면

❸ (쌓기나무의 한 면의 넓이) ◯ (겉면을 이루는 쌓기나무의 면의 수)를 계산한다.

- -

문제 풀기

❶ (쌓기나무의 한 면의 넓이)=□×□=□ (cm²)

❷ (겉면을 이루는 쌓기나무의 면의 수)=□ 개

❸ (입체도형의 겉넓이)=□×□=□ (cm²)

답 _____

문해력 레벨업

겉면을 이루는 쌓기나무의 면의 수는 위, 앞, 옆에서 본 쌓기나무의 면의 수의 합의 2배이다.

예 쌓기나무 6개로 만든 모양

 →

위(=아래)　　　앞(=뒤)　　　옆(오른쪽=왼쪽)

(입체도형의 겉면을 이루는 쌓기나무의 면의 수)=(4+5+3)×2=24(개)

쌍둥이 문제

8-1 오른쪽 입체도형은/ 한 모서리의 길이가 3 cm인 쌓기나무 9개를 붙여서 만든 것입니다./ 이 입체도형의 겉넓이는 몇 cm²인가요?

따라 풀기 ❶

❷

❸

답 _____

문해력 레벨 1

8-2 오른쪽 입체도형은/ 한 개의 부피가 64 cm³인 쌓기나무 7개를 붙여서 만든 것입니다./ 이 입체도형의 겉넓이는 몇 cm²인가요?

스스로 풀기 ❶

❷

❸

답 _____

문해력 레벨 2

8-3 쌓기나무를 가장 적게 사용하여/ 오른쪽과 같이 만든 입체도형의 부피가 1250 cm³입니다./ 이 입체도형의 겉넓이는 몇 cm²인가요?

스스로 풀기 ❶ 사용된 쌓기나무의 개수를 구하여 쌓기나무 한 개의 부피를 구하자.

❷ 쌓기나무의 한 모서리의 길이를 구하여 한 면의 넓이를 구하자.

❸ 겉면을 이루는 쌓기나무 면의 수를 세어 보자.

❹ 입체도형의 겉넓이를 구하자.

답 _____

수학 문해력 완성하기

관련 단원 각기둥과 각뿔

오른쪽과 같이 밑면이 정사각형이고/ 한 모서리의 길이가 130 cm로 모든 모서리의 길이가 같은 사각뿔이 있습니다./ 이 각뿔의 각 꼭짓점에 붙임딱지를 붙이고/ 각 꼭짓점부터 시작하여 5 cm 간격으로 모든 모서리에 붙임딱지를 붙이려고 합니다./ 필요한 붙임딱지는 모두 몇 개인가요?/ (단, 붙임딱지의 크기는 생각하지 않고/ 붙임딱지는 한 곳에 하나씩 붙입니다.)

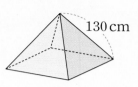

해결 전략

예 꼭짓점을 제외한 한 모서리에 붙일 붙임딱지의 수 구하기

• 한 모서리의 길이가 10 cm일 때

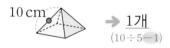
→ 1개
(10÷5—1)

• 한 모서리의 길이가 20 cm일 때

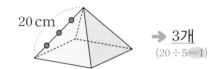
→ 3개
(20÷5—1)

※15년 상반기 19번 기출 유형

문제 풀기

❶ 꼭짓점을 제외한 한 모서리에 붙일 붙임딱지의 수 구하기

(꼭짓점을 제외한 한 모서리에 붙일 붙임딱지의 수)=130÷□—1=□(개)

❷ 꼭짓점을 제외한 모든 모서리에 붙일 붙임딱지의 수 구하기

사각뿔의 모서리는 □개이므로

(꼭짓점을 제외한 모든 모서리에 붙일 붙임딱지의 수)=□×□=□(개)

❸ 필요한 붙임딱지는 모두 몇 개인지 구하기

답 _____

🏠 복습책 39~40쪽에 유사, 심화문제 제공

━ 관련 단원 **직육면체의 부피와 겉넓이**

기출 2 수호가 그림과 같이 물이 들어 있는 직육면체 모양의 수조에/ 돌 1개를 완전히 잠기게 넣었더니/ 물의 높이가 15 cm가 되었습니다./ 여기에 크기가 같은 쇠구슬 2개를 완전히 잠기게 넣었더니/ 물의 높이가 19.2 cm가 되었을 때,/ 돌 1개와 쇠구슬 1개의 부피의 차는 몇 cm³인가요?

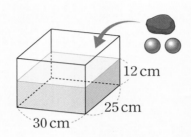

12 cm
25 cm
30 cm

해결 전략

• 돌을 넣었을 때 높아진 물의 높이를 이용하여 돌의 부피를 구한다.
• 쇠구슬 2개를 넣었을 때 높아진 물의 높이를 이용하여 쇠구슬 2개의 부피를 구한다.
　(쇠구슬 1개의 부피)＝(쇠구슬 2개의 부피)÷2

※14년 하반기 22번 기출 유형

문제 풀기

❶ 돌 1개의 부피 구하기

(돌 1개를 넣었을 때 높아진 물의 높이)＝15－ ☐ ＝ ☐ (cm)

➡ (돌 1개의 부피)＝30×25× ☐ ＝ ☐ (cm³)

❷ 쇠구슬 1개의 부피 구하기

(쇠구슬 2개를 넣었을 때 높아진 물의 높이)＝19.2－ ☐ ＝ ☐ (cm)

➡ (쇠구슬의 1개의 부피)＝30×25× ☐ ÷2＝ ☐ (cm³)

❸ 돌 1개와 쇠구슬 1개의 부피의 차 구하기

답 ＿＿＿＿＿＿＿＿＿＿＿＿＿

수학 문해력 완성하기

관련 단원 각기둥과 각뿔

창의 **3**

프리즘(Prism)은 빛을[※]굴절,[※]분산시키기 위해/ 유리와 같은 투명한 재질로 이루어진 광학 도구입니다./ 그림과 같이 높이가 15 cm인 삼각기둥 모양의 프리즘의 옆면에/ 모두 페인트를 칠한 후 종이 위에 놓고 한 방향으로 2바퀴 굴렸더니/ 종이에 색칠된 부분의 넓이가 540 cm² 였습니다./ 이 프리즘의 밑면이 정삼각형일 때/ 프리즘의 모든 모서리의 길이의 합은 몇 cm인가요?

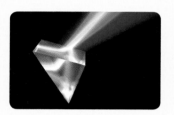

출처: ©Ivanagott/shutterstock

15 cm

📖 **문해력 백과**

빛의 굴절: 빛이 곧게 나아가다가 다른 물질을 만나 꺾이는 것
빛의 분산: 빛이 굴절되는 정도가 달라서 여러 색으로 나누어지는 현상

해결 전략

• 삼각기둥을 한 바퀴 굴리면 (색칠된 부분의 넓이)＝(옆면의 넓이의 합)이다.
• 삼각기둥을 두 바퀴 굴리면 (색칠된 부분의 넓이)＝(옆면의 넓이의 합)×2이다.

문제 풀기

❶ 프리즘의 옆면의 넓이의 합 구하기

(옆면의 넓이의 합)＝540÷ ☐ ＝ ☐ (cm²)

❷ 프리즘의 한 밑면의 둘레 구하기

(옆면의 넓이의 합)＝(한 밑면의 둘레)×(높이)이므로

(한 밑면의 둘레)＝ ☐ ÷15＝ ☐ (cm)이다.

❸ 프리즘의 모든 모서리의 길이의 합 구하기

답 _____

관련 단원 직육면체의 부피와 겉넓이

융합 4

석빙고는 얼음을 넣어 두던 창고로/ 겨울에 얼음을 채취·저장하였다가 여름에 사용하기 때문에/ 얼음이 녹지 않게 하기 위하여 지하에 설치하는 것이 일반적입니다./ 그림과 같이 직육면체 모양의 얼음을 3개 쌓아서/ 석빙고에 보관하려고 합니다./ 쌓아서 만든 얼음의 겉넓이는 몇 cm²인가요?

▲ 경주 석빙고

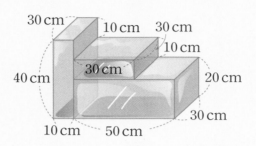

30 cm 10 cm 30 cm 10 cm 40 cm 30 cm 20 cm 30 cm 10 cm 50 cm

해결 전략

- (위에서 본 모양의 넓이)=(아래에서 본 모양의 넓이)
- (앞에서 본 모양의 넓이)=(뒤에서 본 모양의 넓이)
- (왼쪽에서 본 모양의 넓이)=(오른쪽에서 본 모양의 넓이)

문제 풀기

❶ 위와 아래에서 본 모양의 넓이의 합 구하기

(위에서 본 모양의 넓이)×2=(10+□)×□×2=□ (cm²)

❷ 앞과 뒤에서 본 모양의 넓이의 합 구하기

(앞에서 본 모양의 넓이)×2=(10×□+30×□+50×□)×2=□ (cm²)

❸ 옆(왼쪽과 오른쪽)에서 본 모양의 넓이의 합 구하기

(왼쪽에서 본 모양의 넓이)×2=30×□×2=□ (cm²)

❹ 얼음의 겉넓이 구하기

답 _____

수학 문해력 평가하기

100쪽 문해력 1

1 모서리가 15개인 각기둥이 있습니다. 이 각기둥의 면의 수와 꼭짓점의 수의 합은 몇 개인가요?

풀이

답 _____

102쪽 문해력 2

2 각뿔의 밑면과 옆면의 모양이 다음과 같을 때 각뿔의 모든 모서리의 길이의 합은 몇 cm인가요?

(단, 옆면은 모두 합동입니다.)

밑면   옆면

풀이

답 _____

104쪽 문해력 3

3 꼭짓점이 9개인 각뿔이 있습니다. 이 각뿔과 밑면의 모양이 같은 각기둥의 면은 몇 개인가요?

풀이

답 _____

108쪽 문해력 5

4 왼쪽 나무토막을 오른쪽 상자에 빈틈없이 가득 담으려고 합니다. 나무토막을 모두 몇 개 담을 수 있는지 구하세요. (단, 나무토막과 상자는 직육면체 모양입니다.)

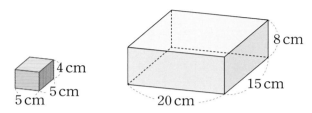

풀이

답 _____

110쪽 문해력 6

5 서진이는 직육면체 모양의 케이크를 사 왔습니다. 케이크를 위, 앞에서 본 모양을 보고 케이크의 겉넓이를 구하세요.

• 위에서 본 모양: 가로가 12 cm, 세로가 7 cm인 직사각형
• 앞에서 본 모양: 가로가 12 cm, 세로가 4 cm인 직사각형

풀이

답 _____

102쪽 문해력 2

6 밑면은 한 변의 길이가 7 cm인 정오각형이고 옆면은 오른쪽과 같은 직사각형으로 이루어진 각기둥이 있습니다. 이 각기둥의 모든 모서리의 길이의 합은 몇 cm인가요?

5 cm
7 cm

풀이

답 _____

112쪽 문해력 7

7 오른쪽 그림과 같은 직육면체 모양의 시루떡을 잘라서 가장 큰 정육면체를 만들었더니 겉넓이가 486 cm²였습니다. 만든 정육면체의 부피는 몇 cm³인가요?

풀이

답 _____

106쪽 문해력 4

8 밑면이 정육각형이고 높이가 9 cm인 각기둥이 있습니다. 이 각기둥의 모든 모서리의 길이의 합이 186 cm일 때 밑면의 한 변의 길이는 몇 cm인가요?

풀이

답 _____

114쪽 문해력 8

9 오른쪽 입체도형은 한 모서리의 길이가 3 cm인 쌓기나무 7개를 붙여서 만든 것입니다.
이 입체도형의 겉넓이는 몇 cm²인가요?

풀이

답 _____

112쪽 문해력 7

10 유진이와 승아는 정육면체 모양의 선물 상자를 만들었습니다. 승아는 유진이가 만든 상자의 각 모서리의
길이를 2배로 늘여 겉넓이가 864 cm²인 정육면체 모양의 선물 상자를 만들었습니다. 유진이가 만든
선물 상자의 한 모서리의 길이는 몇 cm인가요?

유진   승아

풀이

답 _____

복습책

초등 문해력
독해가
힘이다

그래서
밀크T가
필요한 겁니다

6학년

5학년

4학년

3학년

2학년

**학년이 더- 높아질수록
꼭 필요한 공부법**

더-잡아야 할 **공부습관**
더-올려야 할 **성적향상**
더-맞춰야 할 **1:1 맞춤학습**

학년별 맞춤 콘텐츠		수준별 국/영/수		1:1 맞춤학습
7세부터 6학년까지 차별화된 맞춤 학습 콘텐츠와 과목 전문강사의 동영상 강의	**+**	체계적인 학습으로 기본 개념부터 최고 수준까지 실력완성 및 공부습관 형성	**+**	1:1 밀착 관리선생님 1:1 AI 첨삭과외 1:1 맞춤학습 커리큘럼

www.milkt.co.kr | **1577-1533**

**우리 아이 공부습관,
무료체험 후 결정하세요!**

1-2 유사 문제

1 동석이는 끈 $\dfrac{21}{5}$ m를 겹치지 않게 모두 사용하여 크기가 똑같은 정사각형 6개를 만들었습니다. 이 정사각형의 한 변의 길이는 몇 m인지 기약분수로 나타내 보세요.

풀이

답 _____

1-3 유사 문제

2 세로가 8 cm이고 넓이가 $14\dfrac{2}{3}$ cm²인 직사각형이 있습니다. 이 직사각형의 둘레는 몇 cm인지 기약분수로 나타내 보세요.

풀이

답 _____

문해력 레벨 **3**

3 혜연이는 철사 $12\dfrac{2}{9}$ m를 똑같이 3도막으로 나눈 것 중 한 도막을 겹치지 않게 모두 사용하여 크기가 똑같은 정오각형 2개를 만들었습니다. 이 정오각형의 한 변의 길이는 몇 m인지 기약분수로 나타내 보세요.

풀이

답 _____

2-1 유사 문제

4 민석이는 학교에서 $3\dfrac{5}{6}$ km떨어진 집에 가기 위해 일정한 빠르기로 4분 동안 달렸습니다. 달리다 보니 숨이 차서 나머지 $3\dfrac{1}{3}$ km는 걸었습니다. 민석이가 1분 동안 달린 거리는 몇 km인가요?

풀이

답 _____

2-2 유사 문제

5 경찰관이 ※순찰차를 타고 일정한 빠르기로 14분 동안 $8\dfrac{1}{6}$ km를 달리면서 골목길을 순찰했습니다. 순찰차를 타고 순찰 구역 한 바퀴를 도는 데 9분이 걸렸다면 순찰 구역 한 바퀴는 몇 km인지 기약분수로 나타내 보세요.

풀이

문해력 어휘 📖
순찰차: 경찰관이 사고 방지를 위해 여러 곳을 두루 돌아다니는 자동차

답 _____

2-3 유사 문제

6 일정한 빠르기로 까마귀는 7분 동안 $\dfrac{21}{5}$ km를, 참새는 16분 동안 12 km를 날아갈 때 둘 중 더 빠른 새는 무엇인가요?

풀이

답 _____

3-1 유사 문제

1 오른쪽 식의 계산 결과가 가장 작은 자연수가 되도록 만들려고 합니다.
★에 알맞은 자연수를 구하세요.

$$\frac{3}{8} \times ★ \div 18$$

풀이

답 _____

3-2 유사 문제

2 $\frac{20}{9} \div ● \times 6\frac{3}{4}$의 계산 결과가 자연수일 때 ●가 될 수 있는 1보다 큰 자연수를 모두 구하세요.

풀이

답 _____

3-3 유사 문제

3 $2\frac{1}{3} \div 7 \times ■$와 $\frac{12}{5} \div ▲ \times 4\frac{1}{6}$의 계산 결과가 둘 다 가장 작은 자연수가 되도록 만들려고
합니다. ■와 ▲에 알맞은 자연수의 차를 구하세요.

풀이

답 _____

4-1 유사 문제

4 은재는※너비가 1 m인 책장을 똑같이 4칸으로 나누고, 효준이는 너비가 3 m인 책장을 똑같이 7칸으로 나누었습니다. 책장 한 칸의 너비를 더 좁게 나눈 사람은 누구인가요?

풀이

📖 **문애력 어휘**

너비: 평면이나 넓은 물체의 가로로 건너 지른 거리

답 _____

4-2 유사 문제

5 지용이가 가지고 있는 여행 가방과 보조 가방은 수납공간의 넓이가 각각 $\frac{8}{25}$ m², $\frac{1}{9}$ m²입니다. 여행 가방은 수납공간을 똑같이 12칸으로 나누어 그중 5칸에 옷을 넣었고, 보조 가방은 수납공간을 똑같이 4칸으로 나누어 그중 3칸에 수건을 넣었습니다. 옷과 수건 중 넣은 칸의 넓이가 더 넓은 것은 어느 것인가요?

풀이

답 _____

4-3 유사 문제

6 넓이가 7 m²인 천을 14등분 하여 그중 9부분으로 방석을 만들고 나머지는 가방을 만들었습니다. 가방을 만든 천의 넓이의 $\frac{1}{15}$은 장식용 인형을 만들었다면 인형을 만든 천의 넓이는 몇 m²인지 기약분수로 나타내 보세요.

풀이

답 _____

5-1 유사 문제

1 오른쪽 3개의 수를 모두 한 번씩 사용하여 (진분수)÷(자연수)의 나눗셈을 만들려고 합니다. 계산 결과가 가장 작은 때의 몫을 구하세요.

풀이

답 _____

5-2 유사 문제

2 3장의 수 카드 2 , 8 , 7 을 모두 한 번씩 사용하여 (가분수)÷(자연수)의 나눗셈을 만들려고 합니다. 계산 결과가 가장 클 때의 몫을 구하여 기약분수로 나타내 보세요.

풀이

답 _____

5-3 유사 문제

3 나무 블록에 적힌 4개의 수를 모두 한 번씩 사용하여 (대분수)÷(자연수)의 나눗셈을 만들려고 합니다. 계산 결과가 가장 작을 때의 몫을 구하세요.

3 8 5 9

풀이

답 _____

6-1 유사 문제

4 나은이는 길이가 39 cm인 실을 12도막으로 똑같이 나누어 그중 5도막을 $\dfrac{9}{16}$ cm씩 겹치게 한 줄로 이어 붙였습니다. 이어 붙인 전체 길이는 몇 cm인가요?

풀이

답 _____

6-2 유사 문제

5 길이가 같은*토끼풀 16개를 $1\dfrac{5}{9}$ cm씩 겹치게 한 줄로 이어 붙였습니다. 이어 붙인 전체 길이가 $51\dfrac{1}{3}$ cm가 되었다면 토끼풀 한 개의 길이는 몇 cm인지 기약분수로 나타내 보세요.

풀이

문해력 어휘

토끼풀: 가지가 길고 나비모양의 흰 꽃이
6~7월에 꽃대 끝에 머리 모양으로 핀다.

답 _____

7-1 유사 문제

1 일정한 빠르기로 1시간 동안 $\dfrac{2}{13}$ L의 커피 원액이 나오는 기계가 있습니다. 이 기계로 9시간 동안 커피 원액을 받은 후 컵 6개에 똑같이 나누어 담았습니다. 컵 한 개에 담은 커피 원액은 몇 L인지 기약분수로 나타내 보세요.

풀이

답 _____

7-2 유사 문제

2 홍차 $\dfrac{25}{28}$ L와 우유 $\dfrac{9}{4}$ L를 섞어서 밀크티를 만들었습니다. 이 밀크티를 남김없이 플라스틱 용기 6통에 똑같이 나누어 담았을 때 플라스틱 용기 한 통에 담은 밀크티는 몇 L인지 기약분수로 나타내 보세요.

풀이

답 _____

7-3 유사 문제

3 무게가 똑같은 비누 13개가 담긴 상자의 무게가 $1\dfrac{21}{50}$ kg입니다. 상자만의 무게가 $\dfrac{3}{25}$ kg이라면 비누 한 개의 무게는 몇 kg인지 기약분수로 나타내 보세요.

풀이

답 _____

8-1 유사 문제

4 밭에서 고구마 한 상자를 캐는 데 승민이는 3시간이 걸리고, 채은이는 6시간이 걸립니다. 한 사람이 한 시간에 하는 일의 양은 각각 일정하다고 할 때 두 사람이 함께 일을 한다면 몇 시간만에 고구마 한 상자를 캘 수 있는지 구하세요.

풀이

답 _____

8-2 유사 문제

5 택배 기사 한 분이 전체 담당 택배량의 $\frac{2}{7}$를 배달하는 데 4시간이 걸립니다. 택배 기사 한 분이 한 시간에 배달하는 양은 일정하다고 할 때 택배 기사 한 분이 전체 담당 택배량을 다 배달하는 데 몇 시간이 걸리는지 구하세요.

풀이

답 _____

8-3 유사 문제

6 로봇 A와 로봇 B가 공항 전체를 함께 청소하면 4일이 걸리고, 로봇 A가 혼자 청소하면 공항 전체의 $\frac{4}{5}$를 청소하는 데 16일이 걸립니다. 한 로봇이 하루에 하는 일의 양은 각각 일정하다고 할 때 로봇 B가 혼자 공항 전체를 청소한다면 며칠이 걸리는지 구하세요.

풀이

답 _____

기출1 유사 문제

1 ㉠과 ㉡이 10보다 크고 35보다 작은 자연수일 때, ㉠÷㉡×$1\frac{2}{13}$의 계산 결과가 자연수가

되는 (㉠, ㉡)은 모두 몇 쌍인가요?

풀이

답 _____

기출 변형

2 ㉠과 ㉡이 9보다 크고 15보다 작은 자연수일 때, 서준이가 가지고 있는 카드에 적힌 식의 계산 결과가 자연수가 되도록 만들려고 합니다. ㉠+㉡을 구하세요.

서준

$5÷6×㉠÷㉡$

풀이

답 _____

기출 2 유사 문제

3 수직선 위에 있는 4개의 수를 작은 수부터 순서대로 ㉠, ㉡, ㉢, ㉣이라 할 때, 다음을 만족하는 ㉢을 구하세요.

$$㉡=4\frac{4}{9} \qquad ㉣=11\frac{7}{9}$$
$$㉢-㉠=㉣-㉢$$
$$㉡-㉠=㉢-㉡$$

❶ ㉠ ~ ㉣ 사이의 간격을 그림으로 나타내 알아보기

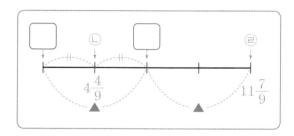

_____

_____

❷ ㉡과 ㉣ 사이의 간격 구하기

_____

❸ 위 ❶의 그림과 ㉡과 ㉢ 사이의 간격을 이용하여 ㉢ 구하기

_____

_____

답 _____

1-1 유사 문제

1 일정한 빠르기로 8 km를 이동하는 데 2분 20초가 걸리는 기차가 있습니다. 이 기차가 1 km를 이동하는 데 걸린 시간은 몇 초인가요?

풀이

답 _____

1-2 유사 문제

2 지훈이의 장난감 자동차는 일정한 빠르기로 600 m를 이동하는 데 2분 30초가 걸립니다. 이 장난감 자동차가 9 m를 이동하는 데 걸린 시간은 몇 초인가요?

풀이

답 _____

1-3 유사 문제

3 일정한 빠르기로 1분에 400 m를 이동하는[※]유람선이 있습니다. 유람선의 길이가 210 m일 때, 이 유람선이 폭이 30 m인 다리 아래를 완전히 지나가는 데 걸리는 시간은 몇 분인가요?

풀이

출처: ⓒ Getty Images korea

📖 문해력 어휘

유람선: 관광을 목적으로 손님을 태우고 다니는 배

답 _____

2-1 유사 문제

4 수지는 동아리 활동으로 길이가 215.6 cm인 일직선 모양 화단에 같은 간격으로 8개의 상추 ※모종을 심으려고 합니다. 화단의 시작점과 끝점에도 상추 모종을 심는다면 상추 모종 사이의 간격은 몇 cm인가요? (단, 상추 모종의 굵기는 생각하지 않습니다.)

풀이

📖 문해력 어휘
모종: 옮겨 심기 위해 가꾼 씨앗의 싹

답 _____

2-2 유사 문제

5 둘레가 414 m인 원 모양의 ※회전교차로에 둘레를 따라 진달래 180그루를 같은 간격으로 심었습니다. 진달래 사이의 간격은 몇 m인가요? (단, 진달래의 굵기는 생각하지 않습니다.)

풀이

📖 문해력 백과
회전교차로: 차량이 반시계 방향으로 돌면서 원하는 방향으로 빠져 나갈 수 있는 원형 교차로

답 _____

2-3 유사 문제

6 길이가 18 m인 일직선 복도 천장에 같은 간격으로 13개의 전등을 설치했습니다. 복도 천장의 시작점에서 0.6 m 떨어진 지점부터 끝점까지 전등을 설치했다면 전등 사이의 간격은 몇 m인가요? (단, 전등의 두께는 생각하지 않습니다.)

풀이

답 _____

3-1 유사 문제

1 60분 동안 9.6 cm가 타는 모기향이 있습니다. 모기향이 일정한 빠르기로 탄다면 25분 동안 타는 모기향의 길이는 몇 cm인가요?

풀이

답 _____

3-2 유사 문제

2 길이가 15 cm인 양초가 있습니다. 이 양초는 일정한 빠르기로 5분 동안 1.85 cm가 탄다고 합니다. 양초에 불을 붙인 지 16분이 지난 후에 불을 끄면 타고 남은 양초의 길이는 몇 cm인가요?

풀이

답 _____

3-3 유사 문제

3 윤아는 라벤더 향이 나는 길이가 14 cm인 ※인센스 스틱을 선물 받았습니다. 인센스 스틱에 불을 붙이고 11분이 지난 후에 남아 있는 인센스 스틱의 길이를 재었더니 4.65 cm였습니다. 인센스 스틱이 일정한 빠르기로 탔다면 4분 동안 탄 인센스 스틱의 길이는 몇 cm인가요?

풀이

📖 문해력 어휘

인센스 스틱: 불을 붙이면 좋은 향이 나는 긴 막대 모양의 향

답 _____

4-1 유사 문제

4 시우와 채원이가 자전거를 타고 있습니다. 일정한 빠르기로 시우는 3분 동안 0.69 km를 이동하고, 채원이는 8분 동안 2 km를 이동합니다. 이 빠르기로 시우와 채원이가 같은 곳에서 서로 반대 방향으로 동시에 출발하여 일직선으로 갔다면 10분 후 시우와 채원이 사이의 거리는 몇 km인가요?

풀이

답 _____

4-2 유사 문제

5 유진이와 정우가 수영을 하고 있습니다. 일정한 빠르기로 헤엄쳐 유진이는 5초 동안 1.6 m를 이동하고, 정우는 7초 동안 2.8 m를 이동합니다. 이 빠르기로 유진이와 정우가 출발점에서 서로 같은 방향으로 동시에 출발하여 일직선으로 갔다면 30초 후 유진이와 정우 사이의 거리는 몇 m인가요?

풀이

답 _____

4-3 유사 문제

6 일정한 빠르기로 이동하는 오토바이와 트럭이 있습니다. 오토바이는 1분 동안 1.3 km를 이동합니다. 이 오토바이와 트럭이 같은 곳에서 서로 반대 방향으로 동시에 출발하여 일직선으로 갔을 때 20분 후 오토바이와 트럭 사이의 거리가 48 km입니다. 트럭이 1분 동안 이동한 거리는 몇 km인가요?

풀이

답 _____

5-1 유사 문제

1 어떤 나눗셈식의 몫을 쓰는 데 잘못하여 소수점을 오른쪽으로 두 자리 옮겨 나타냈더니 바르게 계산한 몫과의 차가 89.1이 되었습니다. 바르게 계산한 몫을 구하세요.

풀이

답 _____

5-2 유사 문제

2 어떤 나눗셈식의 몫을 쓰는 데 잘못하여 소수점을 기준으로 수를 왼쪽으로 두 자리씩 옮겨 나타냈더니 바르게 계산한 몫과의 차가 168.3이 되었습니다. 바르게 계산한 몫을 구하세요.

풀이

답 _____

5-3 유사 문제

3 어떤 수를 7로 나눈 몫을 쓰는 데 잘못하여 소수점을 기준으로 수를 왼쪽으로 한 자리씩 옮겨 나타냈더니 바르게 계산한 몫과의 차가 50.4가 되었습니다. 어떤 수를 구하세요.

풀이

답 _____

6-1 유사 문제

4 혜지의 알람 시계는 15일에 24분씩 일정하게 빨라집니다. 이 알람 시계를 오늘 오전 7시 30분에 정확하게 맞추어 놓았다면 내일 오전 7시 30분에 알람 시계가 가리키는 시각은 오전 몇 시 몇 분 몇 초인지 구하세요.

풀이

답 _____

6-2 유사 문제

5 정석이네 반 벽시계는 5일에 14분씩 일정하게 느려집니다. 이 벽시계를 어제 오후 2시 50분에 정확하게 맞추어 놓았다면 오늘 오후 2시 50분에 벽시계가 가리키는 시각은 오후 몇 시 몇 분 몇 초인지 구하세요.

풀이

답 _____

6-3 유사 문제

6 서현이의 *회중시계는 21일에 8.4분씩 일정하게 빨라집니다. 이 회중시계를 어느 날 오후 6시에 정확하게 맞추어 놓았다면 13일 뒤 오후 6시에 회중시계가 가리키는 시각은 오후 몇 시 몇 분 몇 초인지 구하세요.

풀이

📖 문애력 어휘

회중시계: 몸에 지닐 수 있게 만든 작은 시계

답 _____

7-1 유사 문제

1 한 변의 길이가 22 cm인 정사각형과 넓이가 같은 직사각형이 있습니다. 이 직사각형의 세로가 25 cm라면 직사각형의 가로는 몇 cm인가요?

풀이

답 _____

7-2 유사 문제

2 하윤이는 사진관에서 가로가 15 cm이고 세로가 11 cm인 직사각형 모양 사진을 인화하고, 세로가 12 cm인 직사각형 모양 액자를 주문하려고 합니다. 액자의 넓이가 사진의 넓이의 1.2배라면 직사각형 모양 액자의 가로는 몇 cm인가요?

풀이

답 _____

7-3 유사 문제

3 직선 가와 직선 나는 서로 평행합니다. 삼각형의 넓이가 7 m²라면 사다리꼴의 넓이는 몇 m²인가요?

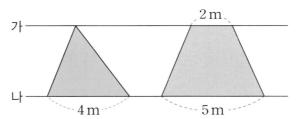

풀이

답 _____

8-1 유사 문제

4 세희와 연주는 실을 이용하여 수세미를 만들었습니다. 세희는 직사각형 모양의 수세미를 만들었고 연주는 세희가 만든 수세미의 가로를 0.5배로 하고, 세로를 6배로 하여 넓이가 97.2 cm² 인 직사각형 모양의 수세미를 만들었습니다. 세희가 만든 수세미의 넓이는 몇 cm²인가요?

풀이

답 _____

8-2 유사 문제

5 어떤 평행사변형의 밑변의 길이를 3배로 하고, 높이를 4배로 하여, 넓이가 235.8 m²인 평행사변형을 새로 만들었습니다. 처음 평행사변형의 높이가 5 m라면 처음 평행사변형의 밑변의 길이는 몇 m인가요?

풀이

답 _____

8-3 유사 문제

6 어떤 삼각형의 밑변의 길이를 1.8배로 하고, 높이를 5배로 하여 삼각형을 새로 만들었더니 넓이가 118.4 cm²만큼 늘어났습니다. 처음 삼각형의 넓이는 몇 cm²인가요?

풀이

답 _____

기출1 유사 문제

1 그림은 한 변의 길이가 15 cm인 정삼각형과 한 변의 길이가 12 cm인 정사각형을 겹치는 부분이 작은 정삼각형이 되도록 붙여서 만든 도형입니다. 만든 도형의 둘레가 77.1 cm일 때 ㉠을 구하세요.

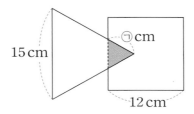

풀이

답 _____

기출 변형

2 그림은 한 변의 길이가 각각 16 cm, 9 cm인 두 정사각형을 겹치는 부분이 직사각형이 되도록 붙여서 만든 도형입니다. 만든 도형의 넓이가 314.5 cm²이고, 겹치는 부분인 직사각형의 세로가 3 cm일 때, 이 직사각형의 가로는 몇 cm인지 구하세요.

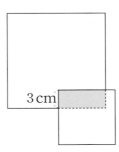

풀이

답 _____

기출2 유사 문제

3 다람쥐와 청설모는 가 지점과 나 지점 사이를 일정한 빠르기로 왔다 갔다 하는데 1분에 다람쥐는 0.4 km, 청설모는 0.5 km를 가는 빠르기로 쉬지 않고 움직입니다. 다람쥐는 가 지점에서, 청설모는 나 지점에서 동시에 출발하여 다람쥐와 청설모가 4번째 만날 때까지 35분이 걸렸습니다. 가 지점과 나 지점 사이의 거리는 몇 km인지 구하세요. (단, 다람쥐와 청설모의 몸길이는 생각하지 않습니다.)

❶ 1분 동안 다람쥐와 청솔모가 움직인 거리의 합 구하기

❷ 다람쥐와 청솔모가 4번째 만날 때까지 움직인 거리 구하기

❸ **가** 지점과 **나** 지점 사이의 거리 구하기

가   나
→ 1번째 만남
→ 2번째 만남

답 _____

본책 71쪽의 유사 문제

1-1 유사 문제

1 스마트워치로 운동 전과 운동 직후에*심장 박동 수를 확인해 보았더니 운동 전에는 78회 뛰었고 운동 직후에는 운동 전보다 62회 더 많이 뛰었습니다. 운동 직후 심장 박동 수의 운동 전 심장 박동 수에 대한 비를 쓰세요.

풀이

출처 ⓒ Getty Images Bank

📖 **문해력 어휘**

심장 박동 수: 심장이 1분 동안 뛰는 횟수

답 _____

1-2 유사 문제

2 지석이는 저금통에 모아 놓은 동전을 500원짜리 동전과 100원짜리 동전으로 분류했습니다. 500원짜리 동전은 54개이고, 100원짜리 동전은 500원짜리 동전보다 19개 더 적습니다. 500원짜리 동전 수에 대한 100원짜리 동전 수의 비를 쓰세요.

풀이

답 _____

1-3 유사 문제

3 수현이네 아파트의 재활용품 전체 배출량을 조사하여 나타낸 표입니다. 플라스틱 양이 종이 양보다 17 kg 더 적을 때 전체 재활용품 양에 대한 플라스틱 양의 비를 쓰세요.

플라스틱	종이	캔·병	비닐
	42 kg	13 kg	8 kg

풀이

답 _____

2-1 유사 문제

4 민속촌에 놀러 간 재아와 현성이는 화살을 던져 항아리에 넣는 투호를 했습니다. 항아리에 화살을 재아는 10개 던져서 4개를 넣었고 현성이는 12개 던져서 6개를 넣었습니다. 누구의 성공률이 더 높은지 구하세요.

풀이

답 _____

2-2 유사 문제

5 어느 야구 경기에서 A 팀은 70번 경기 중에 42번 이겼고 B 팀은 72번 경기 중에 54번 이겼습니다. 어느 팀의 승률이 더 낮은지 구하세요.

풀이

답 _____

2-3 유사 문제

6 윤호는 국어 시험에서 전체 25문제 중 19문제를 맞혔고, 과학 시험에서는 전체 20문제 중 17문제를 맞혔습니다. 국어 시험과 과학 시험 중 전체 문제 수에 대한 틀린 문제 수의 비율이 더
└→ 오답률
낮은 시험은 어느 것인지 구하세요.

풀이

답 _____

3-2 유사 문제

1 같은 시각 같은 곳에 있는 두 건물 A와 B의 높이에 대한 그림자 길이의 비율이 같습니다. 높이가 20 m인 건물 A의 그림자 길이가 24 m일 때 높이가 63 m인 건물 B의 그림자 길이는 몇 m인 가요?

풀이

답 _____

3-3 유사 문제

2 같은 시각 미주네 학교 앞 횡단보도에 있는 전봇대와 신호등의 높이에 대한 그림자 길이의 비율이 같습니다. 높이가 15 m인 전봇대의 그림자 길이가 6 m일 때 높이가 4 m인 신호등의 그림자 길이는 몇 m인가요?

풀이

답 _____

문해력 레벨 **3**

3 높이가 6 m인 세종대왕 동상이 있습니다. 어느 날 낮 12시에 이 동상의 그림자 길이를 재었더니 3 m였습니다. 같은 날 오전 10시에 잰 세종대왕 동상의 높이에 대한 그림자 길이의 비율이 낮 12시에 잰 세종대왕 동상의 높이에 대한 그림자 길이의 비율의 1.8배라면 오전 10시에 잰 세종대왕 동상의 그림자 길이는 몇 m인가요?

풀이

답 _____

4-1 유사 문제

4 수목원의 길을 안내하는 지도가 있습니다.※분재 전시관에서 장미 정원까지의 실제 거리는 440 m 인데 지도에는 4 cm로 그려져 있습니다. 이 지도에서 장미 정원에서 연못까지의 거리가 6 cm일 때 실제 거리는 몇 m인가요?

풀이

📖 문해력 어휘

분재: 화분에 심어 가꾼 나무

답 _____

4-2 유사 문제

5 아영이는 ※대동여지도를 보며 ※단종의 유배길을 조사하고 있습니다. 창덕궁에서 광희문까지의 실제 거리는 3200 m인데 대동여지도에는 2 cm로 그려져 있습니다. 창덕궁에서 청령포까지의 실제 거리가 160000 m일 때 대동여지도에서의 거리는 몇 cm인가요?

풀이

📖 문해력 백과

대동여지도: 조선의 지리학자인 김정호가 1861년에 제작한 한반도의 지도
단종: 조선 제6대 왕

답 _____

4-3 유사 문제

6 실제 거리에 대한 지도에서의 거리의 비율이 $\dfrac{1}{3500}$인 지도에서 축구장은 가로가 3 cm, 세로가 2 cm인 직사각형 모양입니다. 이 축구장의 실제 넓이는 몇 m²인가요?

풀이

답 _____

5-1 유사 문제

1 우주는 물 230 g에 소금 20 g을 넣어 소금물을 만들었습니다. 우주가 만든 소금물 양에 대한 소금 양의 비율은 몇 %인지 구하세요.

풀이

답 _____

5-2 유사 문제

2 지유는 설탕물 양에 대한 설탕 양의 비율이 3 %인 설탕물 500 g을 만들려고 합니다. 필요한 물의 양은 몇 g인지 구하세요.

풀이

답 _____

5-3 유사 문제

3 선우는 물 340 g에 소금 28 g을 넣어 소금물을 만들었습니다. 이 소금물에 소금 32 g을 더 넣었을 때의 소금물 양에 대한 소금 양의 비율은 몇 %인가요?

풀이

답 _____

6-1 유사 문제

4 선빈이는 희망 은행에 25만 원을 예금하고 1년 후에 26만 원을 찾았고, 자유 은행에 40만 원을 예금하고 1년 후에 42만 원을 찾았습니다. 1년 동안의 이자율이 더 높은 은행을 쓰세요.

풀이

답 _____

6-2 유사 문제

5 재희는 A 통장에 150만 원을 예금하고 1년 후에 159만 원을 찾았고, B 통장에 100만 원을 예금하고 1년 후에 103만 원을 찾았습니다. 1년 동안의 이자율이 더 낮은 통장을 쓰세요.

풀이

답 _____

6-3 유사 문제

6 어느 은행에 300000원을 예금하여 1년 후에 306000원을 찾았습니다. 이 은행에 700000원을 예금하면 1년 후에 찾을 수 있는 돈은 모두 얼마인가요?

풀이

답 _____

7-1 유사 문제

1 마트에서 냉장고를 20 % 할인하여 136만 원에 판매하고 있습니다. 이 냉장고의 원래 가격은 얼마인가요?

풀이

답 _____

7-2 유사 문제

2 어느 도매점에서 사 온 아이스크림에 40 %의 이익을 붙여 모두 판매하면 70000원이 됩니다. 이 도매점에서 사 온 아이스크림의 전체 가격은 얼마인가요?

풀이

답 _____

7-3 유사 문제

3 어느 중고차 판매점에서 중고차 한 대를 800만 원에 사 와서 35 %의 이익을 붙여 정가를 정했습니다. 그런데 팔리지 않아 정가의 15 %를 할인하여 팔았다면 할인한 중고차 한 대를 팔아 생기는 이익은 얼마인지 구하세요.

풀이

답 _____

8-1 유사 문제

4 어느 지역에서 6월부터 쓰레기 줄이기 캠페인을 진행했습니다. 1인당 평균 쓰레기 배출량이 7월에는 6월보다 12 %만큼 줄었고, 8월에는 7월보다 10 %만큼 줄었습니다. 6월의 1인당 평균 쓰레기 배출량이 4000 g이라면 8월의 1인당 평균 쓰레기 배출량은 몇 g인가요?

풀이

답 _____

8-2 유사 문제

5 어느 반도체 공장의 10월 생산량은 9월 생산량보다 20 %만큼 늘었고, 11월 생산량은 10월 생산량보다 15 %만큼 늘었습니다. 9월 생산량이 3800개라면 11월 생산량은 몇 개인가요?

풀이

답 _____

8-3 유사 문제

6 소진이네 옷 가게의 4월 판매량은 3월 판매량보다 50 %만큼 늘었고 5월 판매량은 4월 판매량보다 20 %만큼 줄었습니다. 3월 판매량이 2000개라면 3월, 4월, 5월 판매량의 합은 몇 개인가요?

풀이

답 _____

1 우리나라 돈을 유럽 연합의 돈 '유로'로 바꾸려고 합니다. 오늘 1유로로 바꾸는 데 필요한 우리나라 돈은 수수료 10원을 포함하여 1350원이고, 환율 우대 쿠폰이 있다면 |보기|와 같이 수수료를 할인받을 수 있습니다.

> ┤보기├
>
> 환율 10 % 우대 쿠폰이 있다면 수수료 10원의 10 %에 해당하는 1원을 할인받아 1349원으로 1유로를 바꿀 수 있습니다.

환율 30 % 우대 쿠폰이 있다면 200000원으로 몇 유로까지 바꿀 수 있는지 자연수로 구하세요.

풀이

답 _____

2 일본 여행을 다녀오고 남은 일본 돈을 우리나라 돈으로 바꾸려고 합니다. 오늘 100엔을 우리나라 돈으로 바꾸면 1000원에서 수수료 30원을 뺀 970원을 받을 수 있고, 환율 우대 쿠폰이 있다면 |보기|와 같이 수수료를 할인받을 수 있습니다.

> ┤보기├
>
> 환율 10 % 우대 쿠폰이 있다면 수수료 30원의 10 %에 해당하는 3원을 할인받아 100엔을 1000원에서 수수료 30−3=27(원)을 뺀 973원으로 바꿀 수 있습니다.

환율 20 % 우대 쿠폰이 있다면 남은 여행비 5200엔을 모두 한국 돈으로 바꿨을 때 얼마를 받을 수 있는지 구하세요.

풀이

답 _____

기출 2 ️ 유사 문제

3 작년 어느 마을의 인구 수는 5700명이었고 남자 수의 여자 수에 대한 비는 9 : 10이었습니다. 올해는 작년보다 남자 수가 7 %만큼 늘었고 여자 수가 4 %만큼 줄었습니다. 올해 남자와 여자 수를 각각 구하세요.

풀이

답 남자: _____ , 여자: _____

기출 변형

4 작년에 A 지역과 B 지역의 전체 쌀 생산량은 3500 t이었고, B 지역의 쌀 생산량에 대한 A 지역의 쌀 생산량의 비는 4 : 3이었습니다. 올해는 A 지역의 쌀 생산량이 6 %만큼 줄었고, B 지역의 쌀 생산량이 11 %만큼 늘었습니다. 올해 쌀 생산량은 어느 지역이 몇 t 더 많은지 차례로 쓰세요.

풀이

답 _____ , _____

1-1 유사 문제

1 모서리가 15개인 각기둥이 있습니다. 이 각기둥의 면의 수와 꼭짓점의 수의 차는 몇 개인가요?

풀이

답 _____

1-2 유사 문제

2 꼭짓점이 11개인 각뿔이 있습니다. 이 각뿔의 면의 수와 모서리의 수의 차는 몇 개인가요?

풀이

답 _____

1-3 유사 문제

3 재연이는 양초[※]만들기 키트를 이용하여 면의 수와 꼭짓점의 수의 합이 8개인 각뿔 모양의 양초를 만들었습니다. 재연이가 만든 각뿔 모양의 양초의 모서리는 몇 개인지 구하세요.

풀이

> 📖 **문해력 백과**
>
> 만들기 키트: 편하게 만들기 활동을 할 수 있도록 재료와 사용 방법이 세트로 구성된 제품

답 _____

2-1 유사 문제

4 각뿔의 밑면과 옆면의 모양이 다음과 같을 때 각뿔의 모든 모서리의 길이의 합은 몇 cm인가요? (단, 옆면은 모두 합동입니다.)

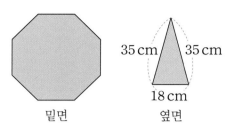

밑면   옆면

풀이

답 _____

2-2 유사 문제

5 밑면은 한 변의 길이가 5 cm인 정육각형이고 옆면은 오른쪽과 같은 직사각형으로 이루어진 각기둥이 있습니다. 이 각기둥의 모든 모서리의 길이의 합은 몇 cm인가요?

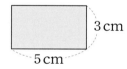

풀이

답 _____

2-3 유사 문제

6 밑면은 한 변의 길이가 16 cm인 정구각형이고 옆면이 오른쪽과 같은 직사각형으로 이루어진 각기둥이 있습니다. 이 각기둥의 높이가 20 cm일 때, 각기둥의 모든 모서리의 길이의 합은 몇 cm인가요?

풀이

16 cm

답 _____

3-1 유사 문제

1 면이 14개인 각기둥이 있습니다. 이 각기둥과 밑면의 모양이 같은 각뿔의 모서리는 몇 개인가요?

풀이

답 _____

3-2 유사 문제

2 모서리가 8개인 각뿔이 있습니다. 이 각뿔과 밑면의 모양이 같은 각기둥의 면은 몇 개인가요?

풀이

답 _____

3-3 유사 문제

3 소윤이가 만든 각기둥과 밑면의 모양이 같은 각뿔의 꼭짓점은 몇 개인가요?

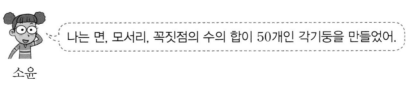

나는 면, 모서리, 꼭짓점의 수의 합이 50개인 각기둥을 만들었어.

소윤

풀이

답 _____

4-1 유사 문제

4 밑면이 정팔각형이고 높이가 12 cm인 각기둥이 있습니다. 이 각기둥의 모든 모서리의 길이의 합이 240 cm일 때 밑면의 한 변의 길이는 몇 cm인가요?

풀이

답 _____

4-2 유사 문제

5 밑면이 오른쪽과 같은 정육각형인 각기둥의 모든 모서리의 길이의 합이 180 cm입니다. 이 각기둥의 높이는 몇 cm인가요?

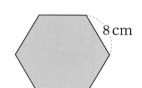
8 cm

풀이

답 _____

4-3 유사 문제

6 현준이는 철사를 사용하여 모든 면이 정삼각형인 삼각뿔을 만들었습니다. 이 삼각뿔을 만드는 데 철사를 80 cm 사용했을 때 한 모서리의 길이는 몇 cm인가요? (단, 꼭짓점마다 연결하는 데 철사를 2 cm씩 사용했습니다.)

풀이

답 _____

5-1 유사 문제

1 ※젠가 게임을 끝내고 왼쪽 나무 블록을 오른쪽 상자에 빈틈없이 가득 담아 정리하려고 합니다. 나무 블록을 모두 몇 개 담을 수 있는지 구하세요. (단, 나무 블록과 상자는 직육면체 모양입니다.)

풀이

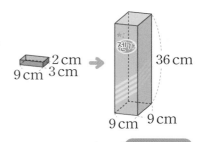

문해력 백과

젠가: 나무 블록 탑에서 나무 블록을 빼고 쌓아 올리는 보드 게임

답 _____

5-2 유사 문제

2 한 모서리의 길이가 28 cm인 정육면체 모양의 보관함에 가로가 7 cm, 세로가 4 cm, 높이가 2 cm인 직육면체 모양의 비누를 빈틈없이 가득 담으려고 합니다. 직육면체 모양의 비누를 몇 개까지 담을 수 있나요?

풀이

답 _____

5-3 유사 문제

3 가로가 8 cm, 세로가 6 cm인 직육면체 모양의 백설기를 한 모서리의 길이가 24 cm인 정육면체 모양의 플라스틱 통 안에 빈틈없이 가득 담았습니다. 플라스틱 통 안에 백설기를 모두 72개 담았다면 백설기의 높이는 몇 cm인가요?

풀이

답 _____

6-1 유사 문제

4 어떤 직육면체를 위에서 본 모양이 가로가 13 cm, 세로가 9 cm인 직사각형 모양이고 옆에서 본 모양이 가로가 9 cm, 세로가 4 cm인 직사각형 모양입니다. 이 직육면체의 겉넓이는 몇 cm²인가요?

풀이

답 _____

6-2 유사 문제

5 오른쪽 정육면체 모양의 큐브를 위, 앞, 옆에서 본 모양은 모두 한 변의 길이가 $\frac{1}{10}$ m인 정사각형 모양입니다. 이 큐브의 겉넓이는 몇 cm²인가요?

풀이

답 _____

6-3 유사 문제

6 오른쪽 직육면체 모양의 태블릿을 앞에서 본 모양은 가로가 24 cm, 세로가 1 cm인 직사각형 모양입니다. 이 태블릿의 부피가 360 cm³일 때 태블릿의 겉넓이는 몇 cm²인가요?

출처: blackzheep/shutterstock

풀이

답 _____

1 직육면체 모양의 나무 도막을 잘라서 가장 큰 정육면체를 만들었더니 겉넓이가 294 cm²였습니다. 만든 정육면체의 부피는 몇 cm³인가요?

풀이

답 _____

2 어떤 정육면체의 각 모서리의 길이를 4배로 늘여 겉넓이가 864 cm²인 정육면체를 새로 만들었습니다. 처음 정육면체의 한 모서리의 길이는 몇 cm인가요?

풀이

답 _____

3 가로가 12 cm, 세로가 10 cm인 직육면체 모양의 두부를 잘라서 가장 큰 정육면체를 만들었더니 겉넓이가 150 cm²였습니다. 가장 큰 정육면체를 잘라 내고 남은 부분의 부피는 몇 cm³인가요?

풀이

답 _____

8-1 유사 문제

4 오른쪽 입체도형은 한 모서리의 길이가 9 cm인 쌓기나무 5개를 붙여서 만든 것 입니다. 이 입체도형의 겉넓이는 몇 cm²인가요?

풀이

답 _____

8-2 유사 문제

5 오른쪽 입체도형은 한 개의 부피가 512 cm³인 쌓기나무 7개를 붙여서 만든 것입니다. 이 입체도형의 겉넓이는 몇 cm²인가요?

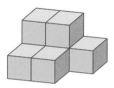

풀이

답 _____

8-3 유사 문제

6 쌓기나무를 사용하여 오른쪽과 같이 부피가 108 cm³인 입체도형을 만들었습니다. 이 입체도형의 겉넓이는 몇 cm²인가요?

풀이

답 _____

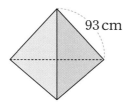
기출1 유사 문제

1 밑면이 정삼각형이고 한 모서리의 길이가 93 cm로 모든 모서리의 길이가 같은 삼각뿔이 있습니다. 이 각뿔의 각 꼭짓점에 붙임딱지를 붙이고 각 꼭짓점부터 시작하여 3 cm 간격으로 모든 모서리에 붙임딱지를 한 개씩 붙이려고 합니다. 필요한 붙임딱지는 모두 몇 개인가요? (단, 붙임딱지의 크기는 생각하지 않고 붙임딱지는 한 곳에 하나씩 붙입니다.)

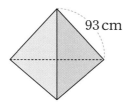

93 cm

풀이

답 _____

기출 변형

2 밑면이 정사각형이고 한 모서리의 길이가 152 cm로 모든 모서리의 길이가 같은 사각기둥이 있습니다. 이 각기둥의 각 꼭짓점에 붙임딱지를 붙이고 각 꼭짓점부터 시작하여 4 cm 간격으로 모든 모서리에 붙임딱지를 한 개씩 붙이려고 합니다. 필요한 붙임딱지는 모두 몇 개인가요? (단, 붙임딱지의 크기는 생각하지 않고 붙임딱지는 한 곳에 하나씩 붙입니다.)

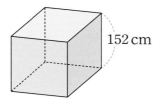

152 cm

풀이

답 _____

기출 2 유사 문제

3 그림과 같이 물이 들어 있는 직육면체 모양의 수조에 순금 덩어리 1개를 완전히 잠기게 넣었더니 물의 높이가 23.5 cm가 되었습니다. 이어서 이 수조에 크기가 같은 금반지 3개를 완전히 잠기게 넣었더니 물의 높이가 30 cm가 되었습니다. 순금 덩어리 1개와 금반지 1개의 부피의 차는 몇 cm³인가요?

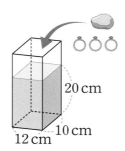

20 cm
12 cm 10 cm

풀이

답 _____

기출 변형

4 한 모서리의 길이가 30 cm인 정육면체 모양의 어항에 물의 높이가 15 cm가 되도록 물을 담았습니다. 이 어항에 크기가 같은※수초 3개를 완전히 잠기게 넣었더니 물의 높이가 17 cm가 되었습니다. 이어서 이 어항에 크기가 같은※유목 2개를 완전히 잠기게 넣었더니 물의 높이가 18 cm가 되었습니다. 수초 1개와 유목 1개의 부피의 합은 몇 cm³인가요?

풀이

문해력 어휘
수초: 물속이나 물가에 자라는 풀
유목: 물 위에 떠서 흘러가는 나무

답 _____

立 身 揚 名

설 몸 오를 이름
입 신 양 명

'호랑이는 죽어서 가죽을 남기고,
사람은 죽어서 이름을 남긴다.'는 속담을 알고 있나요?
착하고 훌륭한 일을 하면 그 사람의 이름이 후세에까지 빛난다는 뜻인데,
'입신양명'도 같은 의미로 사용되는 말이랍니다.
열심히 공부하는 여러분! '입신양명'을 응원합니다.

해당 콘텐츠는 천재교육 '똑똑한 하루 독해'를 참고하여 제작되었습니다.
모든 공부의 기초가 되는 어휘력+독해력을 키우고 싶을 땐,
똑똑한 하루 독해&어휘를 풀어보세요!

뭘 좋아할지 몰라 다 준비했어♥
전과목 교재

전과목 시리즈 교재

● 무등생 해법시리즈

– 국어/수학	1~6학년, 학기용
– 사회/과학	3~6학년, 학기용
– 봄·여름/가을·겨울	1~2학년, 학기용
– SET(전과목/국수, 국사과)	1~6학년, 학기용

● 똑똑한 하루 시리즈

– 똑똑한 하루 독해	예비초~6학년, 총 14권
– 똑똑한 하루 글쓰기	예비초~6학년, 총 14권
– 똑똑한 하루 어휘	예비초~6학년, 총 14권
– 똑똑한 하루 수학	1~6학년, 학기용
– 똑똑한 하루 계산	예비초~6학년, 총 14권
– 똑똑한 하루 도형	예비초~6단계, 총 8권
– 똑똑한 하루 사고력	1~6학년, 학기용
– 똑똑한 하루 사회/과학	3~6학년, 학기용
– 똑똑한 하루 봄/여름/가을/겨울	1~2학년, 총 8권
– 똑똑한 하루 안전	1~2학년, 총 2권
– 똑똑한 하루 Voca	3~6학년, 학기용
– 똑똑한 하루 Reading	초3~초6, 학기용
– 똑똑한 하루 Grammar	초3~초6, 학기용
– 똑똑한 하루 Phonics	예비초~초등, 총 8권

● 초등 문해력 독해가 힘이다 비문학편

	3~6학년, 단계별

영어 교재

● 초등영어 교과서 시리즈

파닉스(1~4단계)	3~6학년, 학년용
회화(입문1~2, 1~6단계)	3~6학년, 학기용
영단어(1~4단계)	3~6학년, 학년용

● 셀파 English(어휘/회화/문법)	3~6학년
● Reading Farm(Level 1~4)	3~6학년
● Grammar Town(Level 1~4)	3~6학년
● LOOK BOOK 영단어	3~6학년, 단행본
● 원서 읽는 LOOK BOOK 영단어	3~6학년, 단행본
● 멘토 Story Words	2~6학년, 총 6권

정답과 해설

6-A 문장제 수학편

정답과 해설
포인트 3가지

▶ 혼자서도 이해할 수 있는 친절한 문제 풀이

▶ 문제 해결에 꼭 필요한 핵심 전략 제시

▶ 참고, 주의, 다르게 풀기 등 자세한 풀이 제시

1주 분수의 나눗셈

1 $\dfrac{1}{7}$ » $\dfrac{1}{7}$ / $\dfrac{1}{7}$

2 $\dfrac{12}{13}$ » $12 \div 13 = \dfrac{12}{13}$ / $\dfrac{12}{13}$ kg

3 $1\dfrac{2}{9}\left(=\dfrac{11}{9}\right)$ » $11 \div 9 = 1\dfrac{2}{9}\left(=\dfrac{11}{9}\right)$
　　　　　　　　 / $1\dfrac{2}{9}\left(=\dfrac{11}{9}\right)$ m

4 $\dfrac{1}{12}$ » $\dfrac{1}{12}$ / $\dfrac{1}{12}$배

5 $\dfrac{2}{11}$ » $\dfrac{8}{11} \div 4 = \dfrac{2}{11}$ / $\dfrac{2}{11}$ kg

6 $1\dfrac{1}{7}\left(=\dfrac{8}{7}\right)$ » $\dfrac{24}{7} \div 3 = 1\dfrac{1}{7}\left(=\dfrac{8}{7}\right)$
　　　　　　　　 / $1\dfrac{1}{7}\left(=\dfrac{8}{7}\right)$ m

7 $\dfrac{4}{5}$ » $4\dfrac{4}{5} \div 6 = \dfrac{4}{5}$ / $\dfrac{4}{5}$ cm

2 $\blacktriangle \div \blacksquare = \dfrac{\blacktriangle}{\blacksquare}$

3 참고
분수의 나눗셈에서 계산 결과를 대분수로 나타내지 않아도 정답으로 인정한다.

4 $\dfrac{2}{3} \div 8 = \dfrac{\overset{1}{\cancel{2}}}{3} \times \dfrac{1}{\underset{4}{\cancel{8}}} = \dfrac{1}{12}$

5 $\dfrac{8}{11} \div 4 = \dfrac{\overset{2}{\cancel{8}}}{11} \times \dfrac{1}{\underset{1}{\cancel{4}}} = \dfrac{2}{11}$

6 $\dfrac{24}{7} \div 3 = \dfrac{\overset{8}{\cancel{24}}}{7} \times \dfrac{1}{\underset{1}{\cancel{3}}} = \dfrac{8}{7} = 1\dfrac{1}{7}$

7 $4\dfrac{4}{5} \div 6 = \dfrac{24}{5} \div 6 = \dfrac{\overset{4}{\cancel{24}}}{5} \times \dfrac{1}{\underset{1}{\cancel{6}}} = \dfrac{4}{5}$

참고
(직사각형의 넓이)=(가로)×(세로)
➡ (세로)=(직사각형의 넓이)÷(가로)

1 $7 \div 5 = 1\dfrac{2}{5}\left(=\dfrac{7}{5}\right)$ / $1\dfrac{2}{5}\left(=\dfrac{7}{5}\right)$ m

2 $\dfrac{8}{15} \div 16 = \dfrac{1}{30}$ / $\dfrac{1}{30}$ L

3 $\dfrac{14}{5} \div 4 = \dfrac{7}{10}$ / $\dfrac{7}{10}$ m

4 $\dfrac{21}{4} \div 7 = \dfrac{3}{4}$ / $\dfrac{3}{4}$ km

5 $2\dfrac{1}{5} \div 4 = \dfrac{11}{20}$ / $\dfrac{11}{20}$ km

6 $8\dfrac{5}{6} \div 2 = 4\dfrac{5}{12}\left(=\dfrac{53}{12}\right)$ / $4\dfrac{5}{12}\left(=\dfrac{53}{12}\right)$ kg

7 $4\dfrac{2}{3} \div 6 = \dfrac{7}{9}$ / $\dfrac{7}{9}$ km²

2 $\dfrac{8}{15} \div 16 = \dfrac{\overset{1}{\cancel{8}}}{15} \times \dfrac{1}{\underset{2}{\cancel{16}}} = \dfrac{1}{30}$

3 $\dfrac{14}{5} \div 4 = \dfrac{\overset{7}{\cancel{14}}}{5} \times \dfrac{1}{\underset{2}{\cancel{4}}} = \dfrac{7}{10}$

4 $\dfrac{21}{4} \div 7 = \dfrac{\overset{3}{\cancel{21}}}{4} \times \dfrac{1}{\underset{1}{\cancel{7}}} = \dfrac{3}{4}$

참고
(1분 동안 달린 거리)=(달린 거리)÷(달린 시간)
　　　　　　　　　　　　　　　　　　分

5 $2\dfrac{1}{5} \div 4 = \dfrac{11}{5} \div 4 = \dfrac{11}{5} \times \dfrac{1}{4} = \dfrac{11}{20}$

주의
(대분수)÷(자연수)를 계산할 때에는 대분수를 가분수로 바꾸고 나눗셈을 곱셈으로 나타내 계산한다.

6 $8\dfrac{5}{6} \div 2 = \dfrac{53}{6} \div 2 = \dfrac{53}{6} \times \dfrac{1}{2}$
　　　　　 $= \dfrac{53}{12} = 4\dfrac{5}{12}$

7 $4\dfrac{2}{3} \div 6 = \dfrac{14}{3} \div 6$
　　　　　 $= \dfrac{\overset{7}{\cancel{14}}}{3} \times \dfrac{1}{\underset{3}{\cancel{6}}} = \dfrac{7}{9}$

정답과 해설

문해력 문제 1

전략 2 / 3

풀기 ❶ 2, 2, 13   ❷ 13, 3, 13, $\dfrac{13}{24}$

답 $\dfrac{13}{24}$ m

1-1 $\dfrac{17}{27}$ m   **1-2** $\dfrac{1}{4}$ m

1-3 $12\dfrac{9}{10}\left(=\dfrac{129}{10}\right)$ cm

1-1 ❶ (정삼각형 1개의 둘레)
$$=\dfrac{17}{3}\div 3=\dfrac{17}{3}\times\dfrac{1}{3}=\dfrac{17}{9}\ (\text{m})$$
❷ (정삼각형의 한 변의 길이)
$$=\dfrac{17}{9}\div 3=\dfrac{17}{9}\times\dfrac{1}{3}=\dfrac{17}{27}\ (\text{m})$$

> **참고**
> 정삼각형은 세 변의 길이가 모두 같다.

1-2 ❶ (정육각형 1개의 둘레)
$$=7\dfrac{1}{2}\div 5=\dfrac{15}{2}\div 5=\dfrac{\overset{3}{\cancel{15}}}{2}\times\dfrac{1}{\cancel{5}}=\dfrac{3}{2}\ (\text{m})$$
❷ (정육각형의 한 변의 길이)
$$=\dfrac{3}{2}\div 6=\dfrac{\overset{1}{\cancel{3}}}{2}\times\dfrac{1}{\cancel{6}}=\dfrac{1}{4}\ (\text{m})$$

1-3 ❶ (세로)$=9\dfrac{4}{5}\div 4=\dfrac{49}{5}\div 4$
$$=\dfrac{49}{5}\times\dfrac{1}{4}=\dfrac{49}{20}\ (\text{cm})$$
❷ (패치의 둘레)$=\left(4+\dfrac{49}{20}\right)\times 2$
$$=\dfrac{129}{\underset{10}{\cancel{20}}}\times\cancel{2}^{1}$$
$$=\dfrac{129}{10}=12\dfrac{9}{10}\ (\text{cm})$$

> **참고**
> • (직사각형의 넓이)=(가로)×(세로)
> ➡ (세로)=(직사각형의 넓이)÷(가로)
> • (직사각형의 둘레)=(가로)+(세로)+(가로)+(세로)
> =(가로+세로)×2

문해력 문제 2

전략 $2\dfrac{3}{8}$, $\dfrac{3}{8}$ / 거리에 ○표, 시간에 ○표

풀기 ❶ 2   ❷ 2, $\dfrac{2}{25}$

답 $\dfrac{2}{25}$ km

2-1 $\dfrac{1}{12}$ km   **2-2** $\dfrac{13}{14}$ km

2-3 토끼

2-1 그림 그리기

학교 ── 12분 동안 걸은 거리 ── 뛴 거리 $\dfrac{2}{5}$ km ── 영화관, $1\dfrac{2}{5}$ km

❶ (학교에서 영화관까지의 거리)−(뛴 거리)
(12분 동안 걸은 거리)
$$=1\dfrac{2}{5}-\dfrac{2}{5}=1\ (\text{km})$$
❷ (1분 동안 걸은 거리)$=1\div 12=\dfrac{1}{12}\ (\text{km})$

2-2 ❶ (킥보드를 타고 1분 동안 달린 거리)
$$=2\dfrac{1}{6}\div 7=\dfrac{13}{6}\div 7$$
$$=\dfrac{13}{6}\times\dfrac{1}{7}=\dfrac{13}{42}\ (\text{km})$$
❷ (공원 한 바퀴의 거리)
=(킥보드를 타고 3분 동안 달린 거리)
$$=\dfrac{13}{\underset{14}{\cancel{42}}}\times\cancel{3}^{1}=\dfrac{13}{14}\ (\text{km})$$

2-3 ❶ (토끼가 1분 동안 가는 거리)
$$=5\div 4=\dfrac{5}{4}=1\dfrac{1}{4}\ (\text{km})$$
(말이 1분 동안 가는 거리)
$$=\dfrac{33}{5}\div 6=\dfrac{\overset{11}{\cancel{33}}}{5}\times\dfrac{1}{\cancel{6}}=\dfrac{11}{10}=1\dfrac{1}{10}\ (\text{km})$$
❷ $1\dfrac{1}{4}>1\dfrac{1}{10}$이므로 더 빠른 동물은 토끼이다.

> **참고**
> 단위 분수는 분모가 작을수록 더 크다.
> 예 4<10 ➡ $\dfrac{1}{4}>\dfrac{1}{10}$

정답과 해설

문해력 문제 3

전략 배수에 ○표

풀기 ❶ 10, 12 ❷ 12, 12

답 12

3-1 21 3-2 2, 3, 6

3-3 30

3-1 전략
먼저 카드에 적힌 식을 최대한 간단한 분수로 나타낸다.

❶ $\dfrac{4}{7} \div 12 \times \bullet = \dfrac{\overset{1}{4}}{7} \times \dfrac{1}{\underset{3}{12}} \times \bullet = \dfrac{\bullet}{21}$

❷ 위 ❶에서 나타낸 분수가 가장 작은 자연수가 되려면 ●는 21의 배수 중 가장 작은 수이어야 한다. ➡ ●=21

3-2 ❶ $1\dfrac{1}{3} \div \bigstar \times 4\dfrac{1}{2} = \dfrac{\overset{2}{4}}{\underset{1}{3}} \times \dfrac{1}{\bigstar} \times \dfrac{\overset{3}{9}}{\underset{1}{2}} = \dfrac{6}{\bigstar}$

❷ 위 ❶에서 나타낸 분수가 자연수가 되려면 ★은 6의 약수이어야 한다. 이때, ★은 1보다 큰 자연수이므로 2, 3, 6이 될 수 있다.

3-3 ❶ $\dfrac{7}{9} \div 14 \times \bullet = \dfrac{\overset{1}{7}}{9} \times \dfrac{1}{\underset{2}{14}} \times \bullet = \dfrac{\bullet}{18}$, $\dfrac{\bullet}{18}$가 가장 작은 자연수가 되려면 ●는 18의 배수 중 가장 작은 수이어야 한다. ➡ ●=18

❷ $1\dfrac{4}{5} \div \bigstar \times 6\dfrac{2}{3} = \dfrac{\overset{3}{9}}{\underset{1}{5}} \times \dfrac{1}{\bigstar} \times \dfrac{\overset{4}{20}}{\underset{1}{3}} = \dfrac{12}{\bigstar}$, $\dfrac{12}{\bigstar}$가 가장 작은 자연수가 되려면 ★은 12의 약수 중 가장 큰 수이어야 한다. ➡ ★=12

❸ ●+★=18+12=30

참고
〈곱셈과 나눗셈이 섞여 있는 세 수의 계산 방법〉

방법1 앞에서부터 두 수씩 차례로 계산한다.
$$■ \div ● \times ▲ = \left(■ \times \dfrac{1}{●}\right) \times ▲$$
$$= \dfrac{■}{●} \times ▲ = \dfrac{■ \times ▲}{●}$$

방법2 나눗셈을 곱셈으로 나타내 한꺼번에 계산한다.
$$■ \div ● \times ▲ = ■ \times \dfrac{1}{●} \times ▲ = \dfrac{■ \times ▲}{●}$$

문해력 문제 4

전략 큰에 ○표

풀기 ❶ 3, 3 / 4, 4

❷ 256, 255, > / 우진

답 우진

4-1 지안 4-2 상추

4-3 $\dfrac{5}{8}$ m²

4-1 ❶ (서준이가 초록색을 칠한 부분의 넓이)
$$= 18 \div 5 = \dfrac{18}{5} = 3\dfrac{3}{5} \text{ (cm}^2)$$
(지안이가 초록색을 칠한 부분의 넓이)
$$= 26 \div 7 = \dfrac{26}{7} = 3\dfrac{5}{7} \text{ (cm}^2)$$

❷ $3\dfrac{3}{5} = 3\dfrac{21}{35}$, $3\dfrac{5}{7} = 3\dfrac{25}{35}$ ➡ $3\dfrac{3}{5} < 3\dfrac{5}{7}$
따라서 초록색을 칠한 부분이 더 넓은 사람은 지안이다.

4-2 ❶ (장미를 심은 넓이)$= 11 \div 6 \times 2$
$$= \dfrac{11}{\underset{3}{6}} \times \overset{1}{2} = \dfrac{11}{3} = 3\dfrac{2}{3} \text{ (m}^2)$$
(상추를 심은 넓이)$= 13 \div 8 \times 3$
$$= \dfrac{13}{8} \times 3 = \dfrac{39}{8} = 4\dfrac{7}{8} \text{ (m}^2)$$

❷ $3\dfrac{2}{3} < 4\dfrac{7}{8}$
따라서 장미와 상추 중 심은 부분이 더 넓은 것은 상추이다.

4-3 ❶ 마당은 바닥면을 11등분 한 것 중 11−5=6(부분)이다.
➡ (마당의 넓이)$= 3\dfrac{2}{3} \div 11 \times 6$
$$= \dfrac{\overset{1}{11}}{\underset{3}{3}} \times \dfrac{1}{\underset{1}{11}} \times \overset{2}{6} = 2 \text{ (m}^2)$$

❷ (연못의 넓이)$=$ (마당의 넓이)$\times \dfrac{5}{16}$
$$= \overset{1}{2} \times \dfrac{5}{\underset{8}{16}} = \dfrac{5}{8} \text{ (m}^2)$$

문해력 문제 5

전략 작은에 ○표

풀기 ❶ 2, 4, 7　　❷ 2 / 4, 7(또는 7, 4) / 4, 2, 2

답 $\dfrac{2}{7}$

5-1 $\dfrac{5}{18}$　　　　　　**5-2** $\dfrac{8}{63}$

5-3 $4\dfrac{3}{14}\left(=\dfrac{59}{14}\right)$

5-1 ❶ 수 카드의 수를 비교하면 $3<5<6$이다.

❷ 나누는 수인 자연수는 가장 작은 수 3으로, 나누어지는 수인 진분수는 나머지 두 수 5, 6으로 만들어 계산한다.

→ $\dfrac{5}{6}\div3=\dfrac{5}{6}\times\dfrac{1}{3}=\dfrac{5}{18}$

5-2 ❶ 수 카드의 수를 비교하면 $7<8<9$이다.

❷ 계산 결과가 가장 작은 (가분수)÷(자연수)의 나눗셈을 만들어 몫을 구하기

나누는 수인 자연수는 가장 큰 수 9로, 나누어지는 수인 가분수는 나머지 두 수 7, 8로 만들어 계산한다.

→ $\dfrac{8}{7}\div9=\dfrac{8}{7}\times\dfrac{1}{9}=\dfrac{8}{63}$

5-3 ❶ 공에 적힌 수를 비교하면 $2<3<7<8$이다.

❷ 계산 결과가 가장 큰 (대분수)÷(자연수)의 나눗셈을 만들어 몫을 구하기

나누는 수인 자연수는 가장 작은 수 2로, 나누어지는 수인 대분수는 나머지 세 수 3, 7, 8로 가장 큰 대분수를 만들어 계산한다.

→ $8\dfrac{3}{7}\div2=\dfrac{59}{7}\div2=\dfrac{59}{7}\times\dfrac{1}{2}=\dfrac{59}{14}=4\dfrac{3}{14}$

참고

• 세 수로 가장 큰 대분수 만들기

가장 큰 수를 자연수 부분에, 나머지 두 수로 진분수 부분을 만든다.

• 세 수로 가장 작은 대분수 만들기

가장 작은 수를 자연수 부분에, 나머지 두 수로 진분수 부분을 만든다.

예 세 수가 ■ > ▲ > ● 일 때

→ 가장 큰 대분수: $■\dfrac{●}{▲}$, 가장 작은 대분수: $●\dfrac{▲}{■}$

문해력 문제 6

전략 6 / 뺀다에 ○표

풀기 ❶ 8, 8 / 4, 18

❷ 5 / 15, 3

❸ 18, 3, 15

답 15 cm

6-1 $20\dfrac{1}{5}\left(=\dfrac{101}{5}\right)$ cm　　**6-2** $4\dfrac{7}{25}\left(=\dfrac{107}{25}\right)$ cm

6-1 ❶ (색 테이프 한 조각의 길이)

$=32\div5=\dfrac{32}{5}$ (cm)

→ (4조각의 길이의 합) $=\dfrac{32}{5}\times4$

$=\dfrac{128}{5}=25\dfrac{3}{5}$ (cm)

❷ 색 테이프가 겹치는 부분은 $4-1=3$(군데)이다.

→ (겹치는 부분의 길이의 합)

$=1\dfrac{4}{5}\times3=\dfrac{9}{5}\times3=\dfrac{27}{5}=5\dfrac{2}{5}$ (cm)

❸ (이어 붙인 전체 길이)

$=25\dfrac{3}{5}-5\dfrac{2}{5}=20\dfrac{1}{5}$ (cm)

참고

(겹치는 부분의 수)=(색 테이프의 수)−1

6-2 ❶ (겹치는 부분의 길이의 합)

=(겹치는 부분의 길이)×(겹치는 부분의 수)

색 테이프가 겹치는 부분은 $10-1=9$(군데)이다.

→ (겹치는 부분의 길이의 합)

$=1\dfrac{2}{5}\times9=\dfrac{7}{5}\times9=\dfrac{63}{5}=12\dfrac{3}{5}$ (cm)

❷ (색 테이프 10조각의 길이의 합)

=(이어 붙인 전체 길이)+(겹치는 부분의 길이의 합)

$30\dfrac{1}{5}+12\dfrac{3}{5}=42\dfrac{4}{5}$ (cm)

❸ (색 테이프 한 조각의 길이)

=(색 테이프 10조각의 길이의 합)÷10

$42\dfrac{4}{5}\div10=\dfrac{\overset{107}{\cancel{214}}}{5}\times\dfrac{1}{\underset{5}{\cancel{10}}}$

$=\dfrac{107}{25}=4\dfrac{7}{25}$ (cm)

1주 **4**일   22~23쪽

문해력 문제 7

전략 $\div$

풀이 ❶ $\dfrac{7}{2}$, 21   ❷ 21, 21, 7, 1, 2

답 $1\dfrac{2}{5}$ L

7-1 $1\dfrac{1}{4}\left(=\dfrac{5}{4}\right)$ L   **7**-2 $\dfrac{79}{96}$ L

7-3 $\dfrac{17}{25}$ kg

7-1 ❶ (전체 우유의 양)

$$=3\dfrac{1}{4}\times 5=\dfrac{13}{4}\times 5$$
$$=\dfrac{65}{4}\ (\text{L})$$

❷ (페트병 한 개에 담는 우유의 양)

$$=\dfrac{65}{4}\div 13=\dfrac{65}{4}\times\dfrac{1}{\overset{1}{13}}$$
$$=\dfrac{5}{4}=1\dfrac{1}{4}\ (\text{L})$$

참고
하나의 양을 구하려면 먼저 전체의 양을 구한 후 계산한다.

7-2 ❶ (전체 회색 페인트의 양)

=(검은색 페인트의 양)+(흰색 페인트의 양)

(전체 회색 페인트의 양)

$$=\dfrac{19}{32}+\dfrac{15}{8}=\dfrac{19}{32}+\dfrac{60}{32}=\dfrac{79}{32}\ (\text{L})$$

❷ (한 통에 담는 회색 페인트의 양)

$$=\dfrac{79}{32}\div 3=\dfrac{79}{32}\times\dfrac{1}{3}=\dfrac{79}{96}\ (\text{L})$$

7-3 ❶ (음료수 캔 16개의 무게)

=(음료수 캔 16개가 담긴 상자의 무게)

  −(상자만의 무게)

(음료수 캔 16개의 무게)

$$=11\dfrac{1}{25}-\dfrac{4}{25}=10\dfrac{22}{25}\ (\text{kg})$$

❷ (음료수 캔 1개의 무게)

=(음료수 캔 16개의 무게)÷16

$$10\dfrac{22}{25}\div 16=\dfrac{\overset{17}{272}}{25}\times\dfrac{1}{\underset{1}{16}}=\dfrac{17}{25}\ (\text{kg})$$

1주 **4**일   24~25쪽

문해력 문제 8

전략 더한다에 ○표 / 1

풀이 ❶ $\dfrac{1}{24}$ ❷ $\dfrac{1}{24}$, 4, 6   ❸ 6, 6

답 6일

8-1 3일   **8**-2 16일

8-3 15시간

8-1 ❶ 전체 일의 양을 1이라 하면

(민주가 하루에 하는 일의 양)$=1\div 4=\dfrac{1}{4}$,

(영수가 하루에 하는 일의 양)$=1\div 12=\dfrac{1}{12}$

이다.

❷ (두 사람이 함께 하루에 하는 일의 양)

$$=\dfrac{1}{4}+\dfrac{1}{12}=\dfrac{3}{12}+\dfrac{1}{12}=\dfrac{4}{12}=\dfrac{1}{3}$$

❸ $\dfrac{1}{3}\times 3=1$이므로 두 사람이 함께 일을 한다면 3일 만에 라벨을 모두 붙일 수 있다.

8-2 ❶ 전체 주문량을 1이라 하면

(기계 한 대가 하루에 하는 일의 양)

$$=\dfrac{7}{8}\div 14=\dfrac{\overset{1}{7}}{8}\times\dfrac{1}{\underset{2}{14}}=\dfrac{1}{16}\text{이다.}$$

❷ $\dfrac{1}{16}\times 16=1$이므로 기계 한 대로 전체 주문량을 다 만드는 데 16일이 걸린다.

8-3 ❶ 전체 일의 양을 1이라 하면

(두 사람이 함께 한 시간에 하는 일의 양)

$$=1\div 10=\dfrac{1}{10},$$

(지후가 한 시간에 하는 일의 양)

$$=\dfrac{1}{5}\div 6=\dfrac{1}{5}\times\dfrac{1}{6}=\dfrac{1}{30}\text{이다.}$$

❷ (경서가 한 시간에 하는 일의 양)

=(두 사람이 함께 한 시간에 하는 일의 양)

  −(지후가 한 시간에 하는 일의 양)

$$\dfrac{1}{10}-\dfrac{1}{30}=\dfrac{3}{30}-\dfrac{1}{30}=\dfrac{2}{30}=\dfrac{1}{15}$$

❸ $\dfrac{1}{15}\times 15=1$이므로 경서가 혼자 잡초를 모두 뽑는다면 15시간이 걸린다.

1주 5일 26~27쪽

기출 1

❶ $\dfrac{3}{4} \times \bigcirc \times \dfrac{1}{\bigcirc} = \dfrac{3}{4} \times \dfrac{\bigcirc}{\bigcirc}$

❷ 4, 8 / 3 / $\dfrac{3}{4} \times \dfrac{\overset{2}{8}}{\bigcirc} = \dfrac{6}{\bigcirc}$ 이므로 ㉡=2, 3, 6이 될

수 있다.

❸ 3 / 3 / 8, 6 / 4

답 4쌍

기출 2

❶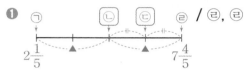

㉠   ㉡ ㉢   ㉣ / ㉣, ㉣

$2\dfrac{1}{5}$ ▲   ▲ $7\dfrac{4}{5}$

❷ $7\dfrac{4}{5} - 2\dfrac{1}{5} = 5\dfrac{3}{5}$

❸ $5\dfrac{3}{5} \div 4 \times 3 = \dfrac{\overset{7}{28}}{5} \times \dfrac{1}{\overset{4}{1}} \times 3 = \dfrac{21}{5} = 4\dfrac{1}{5}$

/ $4\dfrac{1}{5}\left(=\dfrac{21}{5}\right)$, $6\dfrac{2}{5}\left(=\dfrac{32}{5}\right)$

답 $6\dfrac{2}{5}\left(=\dfrac{32}{5}\right)$

1주 5일 28~29쪽

융합 3

❶ $\dfrac{\overset{121}{605}}{4} \times \dfrac{1}{\overset{1}{5}} = \dfrac{121}{4} = 30\dfrac{1}{4}$ (km)

/ $\dfrac{\overset{74}{592}}{3} \div 8 = \dfrac{592}{3} \times \dfrac{1}{\overset{1}{8}} = \dfrac{74}{3} = 24\dfrac{2}{3}$ (km)

❷ $30\dfrac{1}{4} \times 4 = 121$ (km) / $24\dfrac{2}{3} \times 6 = 148$ (km)

❸ $121 + 148 = 269$ (km)

답 269 km

창의 4

❶ 차에 ○표   ❷ 6, 6 / 6, 7, 6, 7

❸ 6, 6, 7 / 7, $\dfrac{4}{28}$, 3, 1   답 $\dfrac{1}{28}$

1주 주말 TEST 30~33쪽

1 $\dfrac{15}{88}$ m   **2** 20

3 $\dfrac{5}{36}$ **4** $\dfrac{2}{21}$ km

5 B 건물   **6** $1\dfrac{2}{3}\left(=\dfrac{5}{3}\right)$ L

7 15일   **8** 해바라기

9 $12\dfrac{1}{6}\left(=\dfrac{73}{6}\right)$ cm   **10** 4일

1 ❶ (정사각형 1개의 둘레)$=\dfrac{15}{11} \div 2$

$=\dfrac{15}{11} \times \dfrac{1}{2}$

$=\dfrac{15}{22}$ (m)

❷ (정사각형의 한 변의 길이)$=\dfrac{15}{22} \div 4$

$=\dfrac{15}{22} \times \dfrac{1}{4}$

$=\dfrac{15}{88}$ (m)

2 ❶ $\dfrac{2}{5} \div 8 \times \bullet = \dfrac{2}{5} \times \dfrac{1}{\overset{4}{8}} \times \bullet = \dfrac{\bullet}{20}$

❷ 위 ❶에서 나타낸 분수가 가장 작은 자연수가 되려면 ●는 20의 배수 중 가장 작은 수이어야 한다.

➜ ●=20

3 ❶ 수 카드의 수를 비교하면 4<5<9이다.

❷ 계산 결과가 가장 큰 (진분수)÷(자연수)의 나눗셈을 만들어 몫을 구하기

나누는 수인 자연수는 가장 작은 수 4로, 나누어지는 수인 진분수는 나머지 두 수 5, 9로 만들어 계산한다.

➜ $\dfrac{5}{9} \div 4 = \dfrac{5}{9} \times \dfrac{1}{4} = \dfrac{5}{36}$

4 그림 그리기

$3\dfrac{2}{7}$ km

집 ———————————— 도서관

33분 동안 걸은 거리   뛴거리 $\dfrac{1}{7}$ km

❶ (33분 동안 걸은 거리)$=3\dfrac{2}{7} - \dfrac{1}{7} = 3\dfrac{1}{7}$ (km)

❷ (1분 동안 걸은 거리)

$$=3\frac{1}{7}\div 33=\frac{22}{7}\div 33$$

$$=\frac{22}{7}\times\frac{1}{33}=\frac{2}{21}\ (km)$$

5 ❶ (A 건물에서 주황색으로 칠한 부분의 넓이)

$$=14\div 3=\frac{14}{3}=4\frac{2}{3}\ (m^2)$$

(B 건물에서 주황색으로 칠한 부분의 넓이)

$$=19\div 4=\frac{19}{4}=4\frac{3}{4}\ (m^2)$$

❷ $4\frac{2}{3}=4\frac{8}{12}$, $4\frac{3}{4}=4\frac{9}{12}$ ➡ $4\frac{2}{3}<4\frac{3}{4}$

따라서 주황색으로 페인트칠을 한 부분이 더 넓은 건물은 B 건물이다.

6 ❶ (전체 사과즙의 양)$=2\frac{2}{3}\times 5=\frac{8}{3}\times 5$

$$=\frac{40}{3}\ (L)$$

❷ (플라스틱 병 한 개에 담는 사과즙의 양)

$$=\frac{40}{3}\div 8=\frac{40}{3}\times\frac{1}{8}=\frac{5}{3}=1\frac{2}{3}\ (L)$$

7 ❶ 전체 주문량을 1이라 하면
(기계 한 대가 하루에 하는 일의 양)

$$=\frac{4}{5}\div 12=\frac{4}{5}\times\frac{1}{12}=\frac{1}{15}$$이다.

❷ $\frac{1}{15}\times 15=1$이므로 기계 한 대로 전체 주문량을 다 만들려면 15일이 걸린다.

> **참고**
> (하루에 하는 일의 양)×(일을 끝내는 데 걸리는 날수)
> =(전체 일의 양)=1

8 ❶ (해바라기를 심은 넓이)$=15\div 4\times 3$

$$=\frac{15}{4}\times 3$$

$$=\frac{45}{4}=11\frac{1}{4}\ (m^2)$$

(가지를 심은 넓이)$=24\div 5\times 2$

$$=\frac{24}{5}\times 2$$

$$=\frac{48}{5}=9\frac{3}{5}\ (m^2)$$

❷ $11\frac{1}{4}>9\frac{3}{5}$

따라서 해바라기와 가지 중 심은 부분이 더 넓은 것은 해바라기이다.

9 ❶ 색 테이프 한 조각의 길이를 구해 5조각의 길이의 합 구하기
(색 테이프 한 조각의 길이)

$$=17\div 6=\frac{17}{6}\ (cm)$$

➡ (5조각의 길이의 합)$=\frac{17}{6}\times 5$

$$=\frac{85}{6}=14\frac{1}{6}\ (cm)$$

❷ 겹치는 부분의 수를 구하여 겹치는 부분의 길이의 합 구하기
색 테이프가 겹치는 부분은 $5-1=4$(군데)이다.
➡ (겹치는 부분의 길이의 합)

$$=\frac{1}{2}\times 4=2\ (cm)$$

❸ (이어 붙인 전체 길이)

$$=14\frac{1}{6}-2=12\frac{1}{6}\ (cm)$$

10 ❶ A 공장과 B 공장에서 하루에 하는 일의 양 각각 구하기
주문 받은 전체 양을 1이라 하면

(A 공장에서 하루에 생산하는 양)$=1\div 5=\frac{1}{5}$,

(B 공장에서 하루에 생산하는 양)

$$=1\div 20=\frac{1}{20}$$이다.

❷ (두 공장에서 함께 하루에 생산하는 양)
  =(A 공장에서 하루에 생산하는 양)
    +(B 공장에서 하루에 생산하는 양)

$$\frac{1}{5}+\frac{1}{20}=\frac{4}{20}+\frac{1}{20}=\frac{5}{20}=\frac{1}{4}$$

❸ 두 공장에서 함께 물건을 생산한다면 주문받은 양을 모두 생산하는 데 걸리는 날수 구하기

$\frac{1}{4}\times 4=1$이므로 두 공장에서 함께 물건을 생산한다면 4일 만에 주문받은 양의 물건을 모두 생산할 수 있다.

> **참고**
> • 어떤 일을 모두 하는 데 ●일이 걸릴 때 전체 일의 양을 1이라 하면 하루에 하는 일의 양은 $1\div●=\frac{1}{●}$이다.
> • 하루에 하는 일의 양이 전체의 $\frac{1}{4}$일 때 $\frac{1}{4}\times 4=1$이므로 일을 모두 하는 데 4일이 걸린다.

2주 소수의 나눗셈

2주 준비학습　36~37쪽

1
$$\begin{array}{r} 4.1 \\ 7\overline{)28.7} \\ 28 \\ \hline 7 \\ 7 \\ \hline 0 \end{array}$$
≫ 4.1 / 4.1

2
$$\begin{array}{r} 13.2 \\ 3\overline{)39.6} \\ 3 \\ \hline 9 \\ 9 \\ \hline 6 \\ 6 \\ \hline 0 \end{array}$$
≫ 39.6÷3=13.2 / 13.2 L

3
$$\begin{array}{r} 1.53 \\ 5\overline{)7.65} \\ 5 \\ \hline 26 \\ 25 \\ \hline 15 \\ 15 \\ \hline 0 \end{array}$$
≫ 7.65÷5=1.53 / 1.53 m

4
$$\begin{array}{r} 0.14 \\ 9\overline{)1.26} \\ 9 \\ \hline 36 \\ 36 \\ \hline 0 \end{array}$$
≫ 1.26÷9=0.14 / 0.14 kg

5
$$\begin{array}{r} 3.05 \\ 4\overline{)12.2} \\ 12 \\ \hline 20 \\ 20 \\ \hline 0 \end{array}$$
≫ 12.2÷4=3.05 / 3.05 m²

6
$$\begin{array}{r} 2.5 \\ 8\overline{)20} \\ 16 \\ \hline 40 \\ 40 \\ \hline 0 \end{array}$$
≫ 20÷8=2.5 / 2.5초

2 (병 한 개에 담긴 세제의 양)
　=(전체 세제의 양)÷(병의 수)
　=39.6÷3=13.2 (L)

3 (한 도막의 길이)
　=(전체 리본의 길이)÷(도막의 수)
　=7.65÷5=1.53 (m)

5 (감자를 심은 밭의 넓이)
　=(전체 밭의 넓이)÷(칸수)
　=12.2÷4=3.05 (m²)

6 (한 층을 올라가는 데 걸린 시간)
　=(8개의 층을 올라가는 데 걸린 시간)÷8
　=20÷8=2.5(초)

2주 준비학습　38~39쪽

1 48.8÷4=12.2 / 12.2 kg
2 7.41÷3=2.47 / 2.47 m
3 98.3÷2=49.15 / 49.15 m²
4 90.6÷15=6.04 / 6.04 L
5 30÷4=7.5 / 7.5분
6 103.2÷12=8.6 / 8.6 cm
7 137.4÷3=45.8 / 45.8 kg

2 (지은이가 사용한 가죽끈의 길이)
　=(전체 가죽끈의 길이)÷(도막의 수)
　=7.41÷3=2.47 (m)

4 (1분 동안 나오는 물의 양)
　=(15분 동안 나오는 물의 양)÷15
　=90.6÷15=6.04 (L)

5 (공원 한 바퀴를 도는 데 걸린 시간)
　=(공원 4바퀴를 도는 데 걸린 시간)÷4
　=30÷4=7.5(분)

6 정다각형은 모든 변의 길이가 같다.
　(정십이각형의 한 변의 길이)
　=(모든 변의 길이의 합)÷(변의 수)
　=103.2÷12=8.6 (cm)

7 (세 사람의 몸무게의 평균)
　=(세 사람의 몸무게의 합)÷(사람 수)
　=137.4÷3=45.8 (kg)

정답과 해설

문해력 문제 1

전략 60

풀기 ❶ 180, 195   ❷ 195, 32.5

답 32.5초

1-1 158.25초   **1-2** 24.5분

1-3 17.5초

1-1 ❶ 10분 33초=600초+33초=633초

    ❷ (1 km를 이동하는 데 걸린 시간)

       =633÷4=158.25(초)

1-2 ❶ 1시간 10분=60분+10분=70분

    ❷ (1 km를 이동하는 데 걸린 시간)

       =70÷20=3.5(분)

    ❸ (7 km를 이동하는 데 걸린 시간)

       =3.5×7=24.5(분)

1-3 ❶ (자동차가 터널을 완전히 통과하기 위해 가야 하는 거리)=485+5=490 (m)

    ❷ (자동차가 터널을 완전히 통과하는 데 걸리는 시간) =490÷28=17.5(초)

문해력 문제 2

풀기 ❶ 9   ❷ 3.15÷9=0.35

답 0.35 km

2-1 5.25 m   **2-2** 6.25 m

2-3 1.5 m

2-1 ❶ 스프링클러 사이의 간격 수는 7-1=6(군데)이다.

    ❷ (스프링클러 사이의 간격)

       =31.5÷6=5.25 (m)

2-2 ❶ 조각상 사이의 간격 수는 40군데이다.

    ❷ (조각상 사이의 간격)=250÷40=6.25 (m)

2-3 ❶ (키오스크를 설치한 통로의 길이)

       =12.5-5=7.5 (m)

    ❷ 키오스크 사이의 간격 수는 6-1=5(군데)이다.

    ❸ (키오스크 사이의 간격)=7.5÷5=1.5 (m)

문해력 문제 3

풀기 ❶ 12, 0.45   ❷ 0.45, 9.45

답 9.45 cm

3-1 3.6 cm   **3-2** 9.8 cm

3-3 10.65 cm

3-1 ❶ (3초 동안 타는 성냥의 길이)÷3

       (1초 동안 타는 성냥의 길이)

       =2.16÷3=0.72 (cm)

    ❷ (1초 동안 타는 성냥의 길이)×5

       (5초 동안 타는 성냥의 길이)

       =0.72×5=3.6 (cm)

> **참고**
> • (1초 동안 타는 성냥의 길이)
>   =(■초 동안 타는 성냥의 길이)÷■
> • (●초 동안 타는 성냥의 길이)
>   =(1초 동안 타는 성냥의 길이)×●

3-2 ❶ (13분 동안 탄 향초의 길이)÷13

       (1분 동안 타는 향초의 길이)

       =7.28÷13=0.56 (cm)

    ❷ (1분 동안 타는 향초의 길이)×20

       (20분 동안 타는 향초의 길이)

       =0.56×20=11.2 (cm)

    ❸ (전체 향초의 길이)-(20분 동안 타는 향초의 길이)

       (타고 남은 향초의 길이)

       =21-11.2=9.8 (cm)

> **참고**
> (■분 동안 타고 남은 향초의 길이)
> =(처음 향초의 길이)-(■분 동안 타는 향초의 길이)

3-3 ❶ (4분 동안 탄 초의 길이)

       =18-3.8=14.2 (cm)

    ❷ (1분 동안 탄 초의 길이)

       =14.2÷4=3.55 (cm)

    ❸ (3분 동안 탄 초의 길이)

       =3.55×3=10.65 (cm)

> **참고**
> (●분 동안 탄 초의 길이)
> =(처음 초의 길이)-(●분 동안 타고 남은 초의 길이)

문해력 문제 4

전략 +

풀기 ❶ 0.05 / 0.075   ❷ 0.05＋0.075＝0.125

❸ 0.125, 1.5

답 1.5 km

4-1 94.05 m   **4-2** 3 km

4-3 1.6 km

4-1 ❶ (지은이의 로봇이 1분 동안 이동한 거리)
＝30.5÷2＝15.25 (m)
(민혁이의 로봇이 1분 동안 이동한 거리)
＝80.5÷5＝16.1 (m)

❷ (1분 후 두 로봇 사이의 거리)
＝15.25＋16.1＝31.35 (m)

❸ (3분 후 두 로봇 사이의 거리)
＝31.35×3＝94.05 (m)

다르게 풀기

❷ (지은이의 로봇이 3분 동안 이동한 거리)
＝15.25×3＝45.75 (m)
(민혁이의 로봇이 3분 동안 이동한 거리)
＝16.1×3＝48.3 (m)

❸ (3분 후 두 로봇 사이의 거리)
＝45.75＋48.3＝94.05 (m)

4-2 ❶ (경찰차가 1분 동안 이동한 거리)
＝6.5÷5＝1.3 (km)
(소방차가 1분 동안 이동한 거리)
＝11.2÷8＝1.4 (km)

❷ (1분 후 경찰차와 소방차 사이의 거리)
＝1.4－1.3＝0.1 (km)

❸ (30분 후 경찰차와 소방차 사이의 거리)
＝0.1×30＝3 (km)

4-3 ❶ (여객기가 1분 동안 이동한 거리)×15
(여객기가 15분 동안 이동한 거리)
＝16×15＝240 (km)

❷ (비행선이 15분 동안 이동한 거리)
＝240－216＝24 (km)

❸ (비행선이 15분 동안 이동한 거리)÷15
(비행선이 1분 동안 이동한 거리)
＝24÷15＝1.6 (km)

문해력 문제 5

전략 10

풀기 ❶ 10   ❷ 17.01 / 17.01, 17.01, 1.89

답 1.89

5-1 2.3   **5-2** 4.21

5-3 3

5-1 ❶ 소수점을 오른쪽으로 한 자리 옮기면 처음 수의 10배가 된다.

❷ 바르게 계산한 몫을 ■라 하면 잘못 나타낸 몫은 (10×■)이므로 10×■－■＝20.7이다.
➡ 9×■＝20.7, ■＝20.7÷9＝2.3

주의

10×■－■는 ■가 10개인 수에서 ■ 1개를 뺀 것이므로 ■가 9개인 수가 된다.
➡ ■가 9개인 수는 9×■이다.

5-2 ❶ 소수점을 기준으로 수를 왼쪽으로 한 자리씩 옮기면 처음 수의 10배가 된다.

❷ 바르게 계산한 몫을 ■라 하면 잘못 나타낸 몫은 (10×■)이므로 10×■－■＝37.89이다.
➡ 9×■＝37.89, ■＝37.89÷9＝4.21

참고

소수점을 기준으로 수를 왼쪽으로 한 자리씩 옮기면 처음 수의 10배가 되므로 잘못 나타낸 몫이 더 크다.

5-3 ❶ 소수점을 오른쪽으로 두 자리 옮기면 처음 수의 100배가 된다.

❷ 바르게 계산한 몫을 ■라 하면 잘못 나타낸 몫은 (100×■)이므로 100×■－■＝59.4이다.
➡ 99×■＝59.4, ■＝59.4÷99＝0.6

❸ (어떤 수)÷5＝0.6
➡ (어떤 수)＝0.6×5＝3

참고

소수점을 왼쪽으로 한 자리, 두 자리 옮기면 처음 수의 $\frac{1}{10}$배, $\frac{1}{100}$배가 된다.

예 123.4 ➡ 12.34   123.4 ➡ 1.234
    $\frac{1}{10}$배 $\frac{1}{100}$배

정답과 해설

문해력 문제 6

풀기 ❶ 7, 1.5 / 30 ❷ 30, 1, 30

답 오전 10시 1분 30초

6-1 오후 5시 1분 18초

6-2 오후 1시 57분 54초

6-3 오전 7시 50분 24초

6-1 ❶ (빨라진 시간)÷(날수)

(하루에 빨라지는 시간)

$=39÷30=1.3(분)$

➡ $1.3분=1분+(0.3×60)초=1분 18초$

❷ (정확한 시각)+(하루에 빨라지는 시간)

(오늘 오후 5시에 디지털 시계가 나타내는 시각)

$=오후 5시+1분 18초=오후 5시 1분 18초$

> **참고**
>
> ■.●분=■분+0.●분
>
> =■분+(0.●×60)초

6-2 ❶ (느려진 시간)÷(날수)

(하루에 느려지는 시간)

$=25.2÷12=2.1(분)$

➡ $2.1분=2분+(0.1×60)초=2분 6초$

❷ (정확한 시각)−(하루에 느려지는 시간)

(내일 오후 2시에 탁상시계가 가리키는 시각)

$=오후 2시−2분 6초=오후 1시 57분 54초$

> **참고**
>
> • 시계가 일정하게 빨라지는 경우
>
>   ➡ 정확한 시각에 빨라진 시간을 더한다.
>
> • 시계가 일정하게 느려지는 경우
>
>   ➡ 정확한 시각에서 느려진 시간을 뺀다.

6-3 ❶ 하루에 느려지는 시간 구하기

(하루에 느려지는 시간)

$=48÷15=3.2(분)$

❷ 3일 동안 느려지는 시간 구하기

(3일 동안 느려지는 시간)

$=3.2×3=9.6(분)$

➡ $9.6분=9분+(0.6×60)초=9분 36초$

❸ 3일 뒤 중앙 시계가 가리키는 시각 구하기

(3일 뒤 오전 8시에 중앙 시계가 가리키는 시각)

$=오전 8시−9분 36초=오전 7시 50분 24초$

문해력 문제 7

풀기 ❶ 6.2, 18.6 ❷ 18.6, 4.65

답 4.65 cm

7-1 23.1 cm   **7-2** 6.75 cm

7-3 15.05 m²

7-1 ❶ (직사각형의 넓이)

=(삼각형의 넓이)

$=38.5×30÷2=577.5 (cm^2)$

❷ (직사각형의 세로)

$=577.5÷25=23.1 (cm)$

7-2 ❶ (정사각형의 넓이)

$=9×9=81 (cm^2)$

❷ (직사각형의 넓이)

$=81×2=162 (cm^2)$

❸ (직사각형의 세로)

$=162÷24=6.75 (cm)$

7-3

> **전략**
>
> 평행선 사이의 거리는 항상 같으므로 평행사변형의 높이와 삼각형의 높이가 같다는 점을 이용하자.

❶ 평행사변형의 높이 구하기

(평행사변형의 높이)

$=25.8÷6=4.3 (m)$

❷ 삼각형의 높이 구하기

직선 가와 직선 나는 서로 평행하므로 삼각형의 높이는 평행사변형의 높이와 같은 4.3 m이다.

❸ 삼각형의 넓이 구하기

(삼각형의 넓이)

$=7×4.3÷2=15.05 (m^2)$

> **참고**
>
> • 여러 가지 도형의 넓이
>
> ① (직사각형의 넓이)=(가로)×(세로)
>
> ② (정사각형의 넓이)=(한 변의 길이)×(한 변의 길이)
>
> ③ (평행사변형의 넓이)=(밑변의 길이)×(높이)
>
> ④ (삼각형의 넓이)=(밑변의 길이)×(높이)÷2
>
> ⑤ (마름모의 넓이)
>
>   =(한 대각선의 길이)×(다른 대각선의 길이)÷2
>
> ⑥ (사다리꼴의 넓이)
>
>   =(윗변의 길이+아랫변의 길이)×(높이)÷2

2주 4일 54~55쪽

문해력 문제 8

풀이 ❶ 3 ❷ 3, 3, 24.7

답 24.7 cm²

8-1 29.5 cm² **8-2** 3.55 cm

8-3 7.2 m²

8-1 ❶ (변경된 디자인의 넓이)
= (초기 디자인의 넓이)×2×1.5
= (초기 디자인의 넓이)×3

❷ (초기 디자인의 넓이)
= (변경된 디자인의 넓이)÷3
= 88.5÷3 = 29.5 (cm²)

8-2 ❶ (새로 만든 직사각형의 넓이)
= (처음 직사각형의 넓이)×5×0.8
= (처음 직사각형의 넓이)×4

❷ (처음 직사각형의 넓이)
= (새로 만든 직사각형의 넓이)÷4
= 28.4÷4 = 7.1 (cm²)

❸ (처음 직사각형의 넓이)÷(처음 직사각형의 가로)
(처음 직사각형의 세로)
= 7.1÷2 = 3.55 (cm)

8-3 ❶ 새로 만든 직사각형의 넓이는 처음 직사각형의 넓이의 몇 배인지 나타내는 식 만들기
(새로 만든 직사각형의 넓이)
= (처음 직사각형의 넓이)×1.5×4
= (처음 직사각형의 넓이)×6

❷ 위 ❶에서 만든 식을 이용하여 (새로 만든 직사각형의 넓이)
= (처음 직사각형의 넓이)+36 m²를 간단히 정리하기
(처음 직사각형의 넓이)×6
= (처음 직사각형의 넓이)+36
➡ (처음 직사각형의 넓이)×5 = 36

❸ 위 ❷에서 만든 식을 이용하여 처음 직사각형 넓이 구하기
(처음 직사각형의 넓이) = 36÷5 = 7.2 (m²)

> **참고**
> 처음 직사각형의 넓이를 ●라 하면
> (새로 만든 직사각형의 넓이) = ●×6 = ●+36이다.
> ➡ ●×6 = ●+36
> ➡ ●×5 = 36

2주 5일 56~57쪽

기출 1

❶ 61.4, 2

❷ 📝 61.4 = 75−(㉠+㉡)×2,
(㉠+㉡)×2 = 75−61.4, (㉠+㉡)×2 = 13.6
➡ ㉠+㉡ = 13.6÷2 = 6.8

답 6.8

기출 2

❶ 4.5, 4.6, 9.1 ❷ 9.1, 36.4

❸ 5 / 36.4, 7.28

답 7.28 m

2주 6일 58~59쪽

융합 3

❶ 10, 30 / 2, 12

❷ 30, 0.37 / 12, 0.45

❸ 📝 0.45>0.37>0.33>0.07이므로 한 마리의 무게가 가장 무거운 것은 고등어이다.

답 고등어

코딩 4

❶ 📝 (거북이가 정사각형 ㄱㄴㄷㄹ을 2.5바퀴 도는 데 움직인 거리) = 300×2.5 = 750 (cm)

❷ 📝 (거북이가 정사각형 ㄱㄴㄷㄹ을 2.5바퀴 도는 데 걸린 시간)
= (거북이가 정사각형 ㄱㄴㄷㄹ을 2.5바퀴 도는 데 움직인 거리)÷(1분 동안 움직이는 거리)
= 750÷8 = 93.75(분)

답 93.75분

융합 3

> **참고**
> (오징어 2축) = 20×2 = 40(마리)
> ➡ (오징어 한 마리의 무게) = 13.2÷40 = 0.33 (kg)
> (북어 2쾌) = 20×2 = 40(마리)
> ➡ (북어 한 마리의 무게) = 2.8÷40 = 0.07 (kg)

1 0.125초	**2** 328.5 cm
3 13.64 m	**4** 6.1
5 6.4 cm	**6** 오전 6시 4분 36초
7 32.5 cm^2	**8** 157.5 km
9 21.6 cm	**10** 7.4

1 ❶ 1분 13초＝60초＋13초＝73초
　❷ (1 km를 이동하는 데 걸린 시간)
　　＝73÷584＝0.125(초)

> 참고
> ・1 km를 이동하는 데 걸리는 시간
> ➡ (전체 걸린 시간)÷(이동 거리)
> ・1초에 이동하는 거리
> ➡ (이동 거리)÷(걸린 시간)

2 ❶ (1분 동안 타는 장작의 길이)
　　＝219÷30＝7.3 (cm)
　❷ (45분 동안 타는 장작의 길이)
　　＝7.3×45＝328.5 (cm)

3 ❶ 관목 사이의 간격 수는 26−1＝25(군데)이다.
　❷ (관목 사이의 간격)
　　＝341÷25＝13.64 (m)

4 ❶ 소수점을 오른쪽으로 한 자리 옮기면 처음 수의 10배가 된다.
　❷ 바르게 계산한 몫을 ■라 하면 잘못 나타낸 몫은 (10×■)이므로 10×■−■＝54.9이다.
　➡ 9×■＝54.9, ■＝54.9÷9＝6.1

5 ❶ (평행사변형의 넓이)
　　＝(삼각형의 넓이)
　　＝8×6.4÷2＝25.6 (cm^2)
　❷ (평행사변형의 높이)
　　＝25.6÷4＝6.4 (cm)

6 ❶ (하루에 빨라지는 시간)
　　＝23÷5＝4.6(분)
　　➡ 4.6분＝4분＋(0.6×60)초＝4분 36초
　❷ (내일 오전 6시에 알람 시계가 가리키는 시각)
　　＝오전 6시＋4분 36초＝오전 6시 4분 36초

7 ❶ (주연이가 그린 직사각형의 넓이)
　　＝(석호가 그린 직사각형의 넓이)×3×2
　　＝(석호가 그린 직사각형의 넓이)×6
　❷ (석호가 그린 직사각형의 넓이)
　　＝(주연이가 그린 직사각형의 넓이)÷6
　　＝195÷6＝32.5 (cm^2)

> 참고
> ■＝●×6 ➡ ●＝■÷6

8 ❶ (버스가 1분 동안 이동한 거리)
　　＝58÷40＝1.45 (km)
　　(승용차가 1분 동안 이동한 거리)
　　＝42.5÷25＝1.7 (km)
　❷ (1분 후 버스와 승용차 사이의 거리)
　　＝1.45＋1.7＝3.15 (km)
　❸ (50분 후 버스와 승용차 사이의 거리)
　　＝3.15×50＝157.5 (km)

> 다르게 풀기
> ❷ (버스가 50분 동안 이동한 거리)
> 　＝1.45×50＝72.5 (km)
> 　(승용차가 50분 동안 이동한 거리)
> 　＝1.7×50＝85 (km)
> ❸ (50분 후 버스와 승용차 사이의 거리)
> 　＝72.5＋85＝157.5 (km)

9 ❶ (정사각형의 넓이)
　　＝6×6＝36 (cm^2)
　❷ (직사각형의 넓이)
　　＝36×4.8＝172.8 (cm^2)
　❸ (직사각형의 세로)
　　＝172.8÷8＝21.6 (cm)

> 참고
> (직사각형의 세로)
> ＝(직사각형의 넓이)÷(직사각형의 가로)

10 ❶ 소수점을 기준으로 수를 왼쪽으로 두 자리씩 옮기면 처음 수의 100배가 된다.
　❷ 바르게 계산한 몫을 ■라 하면 잘못 나타낸 몫은 (100×■)이므로 100×■−■＝732.6이다.
　➡ 99×■＝732.6, ■＝732.6÷99＝7.4

> 참고
> 소수점을 기준으로 수를 왼쪽으로 한 자리씩, 두 자리씩 옮기면 처음 수의 10배, 100배가 된다.

3주 비와 비율

1 3, 5 / $\frac{3}{5}$, 0.6 » 3, 5 / $\frac{3}{5}$, 0.6

2 17, 20 / $\frac{17}{20}$, 0.85 » 17 : 20 / $\frac{17}{20}$, 0.85

3 13, 25 / $\frac{13}{25}$, 0.52 » 13 : 25 / $\frac{13}{25}$, 0.52

4 80, 80 » 80, 80

5 32, 32 » 0.32×100＝32 ➡ 32 %

6 100, 65, 65

    » 13 : 20, $\frac{13}{20}$(＝0.65) /

      $\frac{13}{20}$×100＝65 ➡ 65 %

7 100, 54, 54

    » 27 : 50, $\frac{27}{50}$(＝0.54) /

      $\frac{27}{50}$×100＝54 ➡ 54 %

1 7 : 10 / $\frac{7}{10}$, 0.7

2 2 : 5 / $\frac{2}{5}$, 0.4

3 9 : 20 / $\frac{9}{20}$, 0.45

4 $\frac{9}{15}$$\left(=\frac{3}{5}\right)$ / $\frac{9}{15}$×100＝60 ➡ 60 %

5 $\frac{96}{200}$$\left(=\frac{12}{25}\right)$ / $\frac{96}{200}$×100＝48 ➡ 48 %

6 $\frac{19}{20}$ / $\frac{19}{20}$×100＝95 ➡ 95 %

7 $\frac{10}{250}$$\left(=\frac{1}{25}\right)$ / $\frac{10}{250}$×100＝4 ➡ 4 %

5 (득표수) : (전체 투표수) ➡ 96 : 200

6 (맞힌 문제 수) : (전체 문제 수) ➡ 19 : 20

7 (불량품 수) : (전체 제품 수) ➡ 10 : 250

문해력 문제 1

전략 ＋ / 기준량

풀기 ❶ 8, 33   ❷ 어제, 오늘, 33, 25

답 33 : 25

1-1 23 : 18   **1-2** 45 : 36

1-3 30 : 128

1-1 전략

❶ (오늘 쌓인 눈의 양)＝(어제 쌓인 눈의 양)
             ＋(어제보다 더 쌓인 눈의 양)

❷ 기준량과 비교하는 양을 찾아 (비교하는 양) : (기준량)
   을 쓴다.

❶ (오늘 쌓인 눈의 양)＝18＋5＝23 (cm)

❷ 기준량과 비교하는 양을 찾아 비로 나타내기

   기준량은 어제 쌓인 눈의 양, 비교하는 양은 오늘
   쌓인 눈의 양이므로 비로 나타내면 23 : 18이다.

참고

● : ■

  ┌ ●와 ■의 비

➡ ├ ●의 ■에 대한 비

  └ ■에 대한 ●의 비

1-2 ❶ (오늘 팔린 아이스크림 수)＝45－9＝36(개)

❷ 기준량과 비교하는 양을 찾아 비로 나타내기

   기준량은 오늘 팔린 아이스크림 수이고, 비교하
   는 양은 어제 팔린 아이스크림 수이므로 비로 나
   타내면 45 : 36이다.

1-3 ❶ (마젠타 잉크 양)＝18＋12＝30 (mL)

❷ (전체 잉크 양)

    ＝25＋30＋18＋55

    ＝128 (mL)

❸ 기준량과 비교하는 양을 찾아 비로 나타내기

   기준량은 전체 잉크 양이고, 비교하는 양은 마젠타
   잉크 양이므로 비로 나타내면 30 : 128이다.

참고

(전체 잉크 양)

＝(사이안 잉크 양)＋(마젠타 잉크 양)＋(옐로우 잉크
  양)＋(검정 잉크 양)

3주 1일 72~73쪽

문해력 문제 2

전략 안타, 안타

풀이 ❶ 9, 3, 0.3 ❷ 7, 35, 0.35

❸ 0.3, <, 0.35, 준하

답 준하

2-1 재현 **2**-2 은정

2-3 영어 시험

2-1 ❶ (재현이의 골 성공률)$=\dfrac{13}{25}=0.52$

❷ (민영이의 골 성공률)$=\dfrac{16}{32}=0.5$

❸ 0.52>0.5이므로 재현이의 골 성공률이 더 높다.

2-2 **전략**

은정이와 승호의 전체 경기 수에 대한 이긴 경기 수의 비율을 각각 구하여 비교한다.

❶ (은정이의 승률)$=\dfrac{9}{15}=0.6$

❷ (승호의 승률)$=\dfrac{13}{20}=0.65$

❸ 0.6<0.65이므로 은정이의 승률이 더 낮다.

2-3 ❶ 영어 시험의 정답률 구하기

(영어 시험에서 맞힌 문제 수)

$=20-3=17$(문제)

➡ (정답률)$=\dfrac{17}{20}=0.85$

❷ 수학 시험의 정답률 구하기

(수학 시험에서 맞힌 문제 수)

$=25-5=20$(문제)

➡ (정답률)$=\dfrac{20}{25}=0.8$

❸ 위 ❶, ❷에서 구한 정답률이 더 높은 시험 구하기

0.85>0.8이므로 정답률이 더 높은 시험은 영어 시험이다.

참고

여러 가지 비율 용어

• 타율: 전체 타수에 대한 안타 수의 비율

• 성공률: 전체 횟수에 대한 성공한 횟수의 비율

• 승률: 전체 경기 수에 대한 이긴 경기 수의 비율

• 정답률: 전체 문제 수에 대한 맞힌 문제 수의 비율

3주 2일 74~75쪽

문해력 문제 3

전략 그림자 / 높이

풀이 ❶ 250, 0.6 ❷ 0.6, 120

답 120 cm

3-1 140 cm **3**-2 148 cm

3-3 234 cm

3-1 **전략**

❶ (사과나무의 높이에 대한 그림자 길이의 비율)

$=\dfrac{\text{(사과나무의 그림자 길이)}}{\text{(사과나무의 높이)}}$

❷ (배나무의 그림자 길이)

$=$(배나무의 높이)×(❶에서 구한 비율)

❶ (사과나무의 높이에 대한 그림자 길이의 비율)

$=\dfrac{180}{360}=0.5$

❷ (배나무의 그림자 길이)

$=280\times0.5=140$ (cm)

참고

(비율)$=\dfrac{\text{(비교하는 양)}}{\text{(기준량)}}$

➡ (비교하는 양)=(기준량)×(비율),

(기준량)=(비교하는 양)÷(비율)

3-2 ❶ (지아의 키에 대한 그림자 길이의 비율)

$=\dfrac{120}{150}=0.8$

❷ (아버지의 그림자 길이)

$=185\times0.8=148$ (cm)

3-3 ❶ (남장승의 높이에 대한 그림자 길이의 비율)

$=\dfrac{258}{215}=\dfrac{6}{5}=1.2$

❷ (여장승의 그림자 길이)

$=195\times1.2=234$ (cm)

참고

• (비교하는 양)>(기준량)

➡ 비율이 1보다 크다.

• (비교하는 양)<(기준량)

➡ 비율이 1보다 작다.

3주 2일 76 ~ 77 쪽

문해력 문제 4

전략 100 / 실제

풀기 ❶ 90000 / 90000, 30000

❷ 30000, 150000, 1500

답 1500 m

4-1 1120 m   **4**-2 7 cm

4-3 56000 m²

4-1 ❶ (지하철역에서 헌혈의 집까지의 실제 거리)
=800 m=80000 cm
(실제 거리에 대한 지도에서의 거리의 비율)
$=\dfrac{5}{80000}=\dfrac{1}{16000}$

❷ (지도에서의 거리가 7 cm일 때 실제 거리)
=7×16000=112000 (cm) ➡ 1120 m

주의
1 m=100 cm임을 이용하여 실제 거리와 지도에서의 거리의 단위를 같게 한다.

4-2 ❶ (A 코스의 실제 거리)
=600 m=60000 cm
(실제 거리에 대한 지도에서의 거리의 비율)
$=\dfrac{3}{60000}=\dfrac{1}{20000}$

❷ 1400 m=140000 cm이므로
(B 코스의 지도에서의 거리)
=140000÷20000=7 (cm)

4-3 ❶ 민아네 밭의 실제 가로 구하기
(실제 거리에 대한 지도에서의 거리의 비율)
$=\dfrac{1}{4000}$이므로
(밭의 실제 가로)=7×4000
=28000 (cm) ➡ 280 m

❷ 민아네 밭의 세로 구하기
(밭의 실제 세로)=5×4000
=20000 (cm) ➡ 200 m

❸ (민아네 밭의 실제 넓이)
=280×200=56000 (m²)

참고
(직사각형의 넓이)=(가로)×(세로)

3주 2일 78 ~ 79 쪽

문해력 문제 5

전략 소금

풀기 ❶ 10, 200   ❷ 200, 5, 5

답 5 %

5-1 15 %   **5**-2 220 g

5-3 20 %

5-1 ❶ (설탕물 양)=255+45=300 (g)

❷ (설탕물 양에 대한 설탕 양의 비율)
$=\dfrac{45}{300}×100=15$ ➡ 15 %

참고
· (소금물 양)=(소금 양)+(물 양)
· (소금물 양에 대한 소금 양의 비율)=$\dfrac{(소금 양)}{(소금물 양)}$
· (소금 양)
=(소금물 양)×(소금물 양에 대한 소금 양의 비율)

5-2 ❶ 필요한 소금 양 구하기
12 % ➡ $\dfrac{12}{100}$이므로
(필요한 소금 양)=250×$\dfrac{12}{100}$=30 (g)

❷ (필요한 물 양)=250−30=220 (g)

다르게 풀기
$\dfrac{(소금 양)}{(소금물 양)}=\dfrac{(소금 양)}{250}$,
12 % ➡ $\dfrac{12}{100}=\dfrac{3}{25}=\dfrac{30}{250}$
이므로 소금 양은 30 g이다.
➡ (필요한 물 양)=(소금물 양)−(소금 양)
=250−30=220 (g)

5-3 전략
설탕을 더 넣으면 더 넣은 설탕 양만큼 설탕물 양이 늘어남을 이용한다.

❶ (전체 설탕 양)=30+20=50 (g)

❷ (새로 만든 설탕물 양)=200+50=250 (g)

❸ (새로 만든 설탕물에서 설탕 양에 대한 설탕 양의 비율)=$\dfrac{50}{250}×100=20$ ➡ 20 %

정답과 해설

3주 일 80~81쪽

문해력 문제 6

전략 예금

풀기 ❶ 3000 / 3000, 5, 5

❷ 52000, 2000 / 2000, 4, 4

❸ 5, 4, A

답 A 은행

6-1 가 은행   **6-2** 행복 은행

6-3 824000원

6-1 **전략**

이자를 먼저 구한 후 원금에 대한 이자의 비율인 이자율을 구한다.

❶ 가 은행: (이자)=53500-50000=3500(원)

$(이자율)=\dfrac{3500}{50000}\times100=7$ ➡ 7 %

❷ 나 은행: (이자)=95400-90000=5400(원)

$(이자율)=\dfrac{5400}{90000}\times100=6$ ➡ 6 %

❸ 7 %>6 %이므로 이자율이 더 높은 은행은 가 은행이다.

6-2 ❶ 행복 은행: (이자)=88400-85000=3400(원)

$(이자율)=\dfrac{3400}{85000}\times100=4$ ➡ 4 %

❷ 믿음 은행: (이자)=66150-63000=3150(원)

$(이자율)=\dfrac{3150}{63000}\times100=5$ ➡ 5 %

❸ 4 %<5 %이므로 이자율이 더 낮은 은행은 행복 은행이다.

6-3 ❶ 1년 동안의 이자율 구하기

(이자)=515000-500000=15000(원)

$(이자율)=\dfrac{15000}{500000}\times100=3$ ➡ 3 %

❷ 1년 동안 80만 원을 예금할 때의 이자 구하기

$800000\times\dfrac{3}{100}=24000(원)$

❸ 80만 원을 예금할 때 1년 후 찾을 수 있는 금액 구하기

800000+24000=824000(원)

참고

은행에 예금하고 1년 후에 찾을 수 있는 금액은 예금한 원금에 1년 동안의 이자를 더한 금액이다.

3주 일 82~83쪽

문해력 문제 7

전략 10

풀기 ❶ 80   ❷ 80, 7

❸ 7, 70

답 70만 원

7-1 60만 원   **7-2** 30만 원

7-3 9600원

7-1 ❶ 할인하여 판매하는 가격은 원래 가격의 몇 %인지 구하기

42만 원은 원래 가격의 70 %와 같다.

❷ 원래 가격의 10 %는 얼마인지 구하기

70 %는 10 %의 7배이므로

(원래 가격의 10 %)

=42만÷7=6만 (원)

❸ (원래 가격)=6만×10=60만 (원)

7-2 ❶ 이익을 붙여 판매하는 가격은 도매점에서 사 온 가격의 몇 %인지 구하기

36만 원은 도매점에서 사 온 가격의 120%와 같다.

❷ 도매점에서 사 온 가격의 10 %는 얼마인지 구하기

120 %는 10 %의 12배이므로

(도매점에서 사 온 가격의 10 %)

=36만÷12=3만 (원)

❸ (도매점에서 사 온 가격)

=3만×10=30만 (원)

7-3 ❶ $(정가)=80000+80000\times\dfrac{40}{100}$

=80000+32000

=112000(원)

❷ (할인하여 판매한 가격)

$=112000-112000\times\dfrac{20}{100}$

=112000-22400

=89600(원)

❸ 블루투스 마이크 한 개를 팔아 생기는 이익 구하기

(이익)=89600-80000=9600(원)

참고

제품을 판매했을 때 생기는 이익은
(판매 가격)-(원가)로 구할 수 있다.

정답과
해설

17

문해력 문제 8

전략 30 / 20

풀이 ❶ 1440 / 1440, 3360

❷ 3360, 20, 672 / 3360, 672, 2688

답 2688상자

8-1 2448개   **8-2** 1656개

8-3 12700상자

8-1 **전략**

줄어들면 판매량에서 줄어든 만큼 빼고 늘어나면 판매량에 늘어난 만큼 더한다.

❶ (4월 판매량의 15 %)$=3200 \times \dfrac{15}{100}=480$(개)

   (5월 판매량)$=3200-480=2720$(개)

❷ (5월 판매량의 10 %)$=2720 \times \dfrac{10}{100}=272$(개)

   (6월 판매량)$=2720-272=2448$(개)

참고

●의 ▲ % ➡ ● $\times \dfrac{▲}{100}$

8-2 ❶ (5월 판매량의 20 %)$=1200 \times \dfrac{20}{100}=240$(개)

   (6월 판매량)$=1200+240=1440$(개)

❷ (6월 판매량의 15 %)$=1440 \times \dfrac{15}{100}=216$(개)

   (7월 판매량)$=1440+216=1656$(개)

8-3 ❶ 5월 판매량의 30 %가 몇 상자인지 구하여 6월 판매량 구하기

   (5월 판매량의 30 %)$=5000 \times \dfrac{30}{100}=1500$(상자)

   (6월 판매량)$=5000-1500=3500$(상자)

❷ 6월 판매량의 20 %가 몇 상자인지 구하여 7월 판매량 구하기

   (6월 판매량의 20 %)$=3500 \times \dfrac{20}{100}=700$(상자)

   (7월 판매량)$=3500+700=4200$(상자)

❸ 5월, 6월, 7월 판매량의 합 구하기

   $5000+3500+4200=12700$(상자)

기출 1

❶ 10 / 10, 1150

❷ (예) $200000 \div 1150 = 173 \cdots 10500$이므로 20만 원으로 173달러까지 바꿀 수 있다.

답 173달러

기출 2

❶ 8, 7 / 8, 15

❷ 작년 남학생 수를 □명이라고 하면 $\dfrac{8}{15}=\dfrac{□}{900}$에서

   □$=480$이다. ➡ 480명

   / $900-480=420$(명)

❸ $480-480 \times \dfrac{15}{100}=480-72=408$(명)

   / $420+420 \times \dfrac{20}{100}=420+84=504$(명)

답 408명, 504명

융합 3

❶ (위에서부터) 499500, 16650

   / $\dfrac{153840}{24}=6410$

   / $\dfrac{415950}{47}=8850$

   / $\dfrac{664020}{34}=19530$

❷ 송파구, 관악구, 서초구, 종로구

❸ 비율이 둘째로 높은 구는 관악구이므로 진호가 사는 곳은 관악구이다.

답 관악구

융합 4

❶ $\dfrac{3}{100}$, 9000 / 9000, $\dfrac{3}{100}$, 9270 /

   9000, 9270, 18270

❷ $300000+18270=318270$(원)

답 318270원

3주 **주말 TEST**　　　　　　　　　**90 ~ 93 쪽**

1 97 : 86	**2** 서진
3 14 %	**4** 지유
5 90 cm	**6** 1250 m
7 20만 원	**8** 276 g
9 2380개	**10** 나 은행

1 ❶ (오늘 팔린 라면 수)=86+11=97(개)
　❷ 기준량은 어제 팔린 라면 수, 비교하는 양은 오늘 팔린 라면 수이므로 비로 나타내면 97 : 86이다.

2 ❶ (민우의 타율)=$\frac{14}{40}$=0.35
　❷ (서진이의 타율)=$\frac{12}{30}$=0.4
　❸ 0.35<0.4이므로 타율이 더 높은 사람은 서진이다.

3 ❶ (설탕물 양)=258+42=300 (g)
　❷ (설탕물 양에 대한 설탕 양의 비율)
　　=$\frac{42}{300}$×100=14 ➡ 14 %

4 ❶ (지유의 승률)=$\frac{6}{12}$=0.5
　❷ (민재의 승률)=$\frac{9}{15}$=0.6
　❸ 0.5<0.6이므로 지유의 승률이 더 낮다.

5 ❶ (가 나무의 높이에 대한 그림자 길이의 비율)
　　=$\frac{120}{240}$=0.5
　❷ (나 나무의 그림자 길이)
　　=180×0.5=90 (cm)

6 ❶ (주민센터에서 우체국까지의 실제 거리)
　　=500 m=50000 cm
　　(실제 거리에 대한 지도에서의 거리의 비율)
　　=$\frac{2}{50000}$=$\frac{1}{25000}$
　❷ (지도에서의 거리가 5 cm일 때 실제 거리)
　　=5×25000=125000 (cm) ➡ 1250 m

> **주의**
> 1 m=100 cm임을 이용하여 500 m를 cm로 단위로 바꾼 후 계산한다.

7 ❶ 할인하여 판매하는 가격은 원래 가격의 몇 %인지 구하기
　　16만 원은 원래 가격의 80 %와 같다.
　❷ 원래 가격의 10 %는 얼마인지 구하기
　　80 %는 10 %의 8배이므로
　　(원래 가격의 10 %)=16만÷8=2만 (원)
　❸ (원래 가격)=2만×10=20만 (원)

> **참고**
>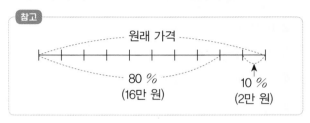

8 ❶ 필요한 소금 양 구하기
　　8 % ➡ $\frac{8}{100}$이므로
　　(필요한 소금 양)=300×$\frac{8}{100}$=24 (g)
　❷ (필요한 물 양)=300−24=276 (g)

> **다르게 풀기**
> $\frac{(소금\ 양)}{(소금물\ 양)}=\frac{(소금\ 양)}{300}$,
> 8 % ➡ $\frac{8}{100}$=$\frac{24}{300}$이므로 소금 양은 24 g이다.
> ➡ (필요한 물 양)=(소금물 양)−(소금 양)
> 　　　　　　　=300−24=276 (g)

9 ❶ 4월 판매량의 20 %가 몇 개인지 구하여 5월 판매량 구하기
　　(4월 판매량의 20 %)=3500×$\frac{20}{100}$=700(개)
　　(5월 판매량)=3500−700=2800(개)
　❷ 5월 판매량의 15 %가 몇 개인지 구하여 6월 판매량 구하기
　　(5월 판매량의 15 %)=2800×$\frac{15}{100}$=420(개)
　　(6월 판매량)=2800−420=2380(개)

10 ❶ 가 은행: (이자)=53000−50000=3000(원)
　　　(이자율)=$\frac{3000}{50000}$×100=6 ➡ 6 %
　❷ 나 은행: (이자)=85600−80000=5600(원)
　　　(이자율)=$\frac{5600}{80000}$×100=7 ➡ 7 %
　❸ 6 %<7 %이므로 이자율이 더 높은 은행은 나 은행이다.

정답과 해설

1 삼각기둥 ≫ 삼각기둥

2 6, 8, 12 ≫ 6개, 8개, 12개

3 7, 7, 12 ≫ 7개, 7개, 12개

4 8, 240 ≫ 240 / 240 cm³

5 2, 50, 2, 340
≫ 예 $(10×8+8×5+10×5)×2=340$ / 340 cm²

6 6, 864 ≫ $12×12×6=864$ / 864 cm²

1 밑면의 모양이 삼각형인 각기둥은 삼각기둥이다.

> 참고
> 각기둥과 각뿔은 밑면의 모양에 따라 이름을 정한다.
>
> | 밑면의 모양 | 삼각형 | 사각형 | 오각형 |
> | --- | --- | --- | --- |
> | 각기둥 | 삼각기둥 | 사각기둥 | 오각기둥 |
> | 각뿔 | 삼각뿔 | 사각뿔 | 오각뿔 |

2 한 밑면의 변의 수가 4개인 각기둥은 사각기둥이다.
사각기둥의 면은 $4+2=6$(개),
꼭짓점은 $4×2=8$(개),
모서리는 $4×3=12$(개)이다.

3 밑면의 변의 수가 6개인 각뿔은 육각뿔이다.
육각뿔의 면은 $6+1=7$(개),
꼭짓점은 $6+1=7$(개),
모서리는 $6×2=12$(개)이다.

4 (직육면체의 부피)=(가로)×(세로)×(높이)
$=6×5×8=240$ (cm³)

5 (직육면체의 겉넓이)
=(한 꼭짓점에서 만나는 세 면의 넓이의 합)×2
$=(10×8+8×5+10×5)×2$
$=(80+40+50)×2=340$ (cm²)

6 (정육면체의 겉넓이)
=(한 면의 넓이)×6
$=12×12×6=864$ (cm²)

1 6, 10, 6, 10, 16 / 16개

2 육각기둥

3 팔각뿔

4 $7×5×3=105$ / 105 cm³

5 $8×8×8=512$ / 512 cm³

6 예 $(12×9+9×6+12×6)×2=468$ / 468 cm²

7 $15×15×6=1350$ / 1350 cm²

2 각기둥의 옆면이 6개이므로 밑면의 변의 수도 6개이다. 밑면의 모양이 육각형이므로 육각기둥이다.

3 각뿔의 옆면이 8개이므로 밑면의 변의 수도 8개이다. 밑면의 모양이 팔각형이므로 팔각뿔이다.

4 (비누의 부피)
=(가로)×(세로)×(높이)
$=7×5×3=105$ (cm³)

5 (주사위의 부피)
=(한 모서리의 길이)×(한 모서리의 길이)
×(한 모서리의 길이)
$=8×8×8=512$ (cm³)

6 (저금통의 겉넓이)
=(한 꼭짓점에서 만나는 세 면의 넓이의 합)×2
$=(12×9+9×6+12×6)×2$
$=(108+54+72)×2=468$ (cm²)

> 다르게 풀기
>
> (저금통의 겉넓이)
> =(한 밑면의 넓이)×2+(옆면의 넓이의 합)
> $=(12×9)×2+(12+9+12+9)×6$
> $=216+252=468$ (cm²)

> 참고
> 직육면체의 겉넓이를 구하는 방법
> 방법1 여섯 면의 넓이의 합을 구한다.
> 방법2 한 꼭짓점에서 만나는 세 면의 넓이의 합을 구하여 2배 한다.
> 방법3 옆면과 두 밑면의 넓이의 합으로 구한다.

7 (과자 상자의 겉넓이)
=(한 면의 넓이)×6
$=15×15×6=1350$ (cm²)

정답과 해설

4주 1일 · 100 ~ 101 쪽

문해력 문제 1

전략 2

풀이 ❶ 3, 6 ❷ 6, 8 / 6, 12

❸ 8, 12, 20

답 20개

1-1 29개   **1-2** 25개

1-3 9개

1-1 ❶ 각기둥의 한 밑면의 변의 수를 □개라 하면
모서리가 27개이므로 □×3=27, □=9이다.
❷ (면의 수)=9+2=11(개)
　(꼭짓점의 수)=9×2=18(개)
❸ (면의 수)+(꼭짓점의 수)=11+18=29(개)

> **참고**
> 각기둥의 한 밑면의 변의 수가 ■개일 때
> (면의 수)=(■+2)개
> (꼭짓점의 수)=(■×2)개
> (모서리의 수)=(■×3)개

1-2 ❶ 각뿔의 밑면의 변의 수를 □개라 하면
꼭짓점이 9개이므로 □+1=9, □=8이다.
❷ (면의 수)=8+1=9(개)
　(모서리의 수)=8×2=16(개)
❸ (면의 수)+(모서리의 수)=9+16=25(개)

> **참고**
> 각뿔의 밑면의 변의 수가 ■개일 때
> (면의 수)=(■+1)개
> (꼭짓점의 수)=(■+1)개
> (모서리의 수)=(■×2)개

1-3 ❶ 각기둥의 한 밑면의 변의 수를 □개라 하여 모서리의
수와 꼭짓점의 수의 합을 나타내는 식 만들기
각기둥의 한 밑면의 변의 수를 □개라 하면
모서리의 수는 (□×3)개, 꼭짓점의 수는
(□×2)개이므로 □×3+□×2=35이다.
❷ 각기둥의 한 밑면의 변의 수 구하기
　□×3+□×2=35, □×5=35, □=7이므
로 한 밑면의 변의 수는 7개이다.
❸ 각기둥의 면의 수 구하기
　(면의 수)=7+2=9(개)

4주 1일 · 102 ~ 103 쪽

문해력 문제 2

전략 200

풀이 ❶ 사각뿔 ❷ 4, 4

❸ 4, 4, 600, 800, 1400

답 1400 cm

2-1 600 cm   **2-2** 184 cm

2-3 234 cm

2-1
> **전략**
> 각뿔의 이름을 알고 길이가 같은 모서리가 몇 개씩 있는지
> 구하여 모든 모서리의 길이의 합을 구한다.

❶ 밑면이 정오각형이므로 각뿔의 이름은 오각뿔이다.
❷ 길이가 50 cm인 모서리는 5개, 길이가 70 cm인
모서리는 5개이다.
❸ (각뿔의 모든 모서리의 길이의 합)
　=50×5+70×5
　=250+350=600 (cm)

2-2 ❶ 밑면이 정팔각형이므로 각기둥의 이름은 팔각기둥
이다.
❷ 길이가 6 cm인 모서리는 16개, 길이가 11 cm인
모서리는 8개이다.
❸ (각기둥의 모든 모서리의 길이의 합)
　=6×16+11×8
　=96+88=184 (cm)

> **주의**
> 팔각기둥은 밑면이 2개이므로 밑면의 한 변에 해당하는
> 길이가 6 cm인 모서리는 8×2=16(개) 있고, 높이에 해
> 당하는 길이가 11 cm인 모서리는 8개 있다.

2-3 ❶ 밑면이 정육각형이므로 각기둥의 이름은 육각기
둥이다.
❷ 길이가 12 cm인 모서리는 12개, 길이가 15 cm인
모서리는 6개이다.
❸ (상자의 모든 모서리의 길이의 합)
　=12×12+15×6
　=144+90=234 (cm)

> **참고**
> 민지가 만든 상자는 밑면이 한 변의 길이가 12 cm인 정
> 육각형이고 높이가 15 cm인 육각기둥이다.

문해력 문제 3

전략 1

풀기 ❶ 1, 6 ❷ 6, 육각, 육각

❸ 육, 6, 8

답 8개

3-1 24개 **3-2** 8개

3-3 18개

3-1 ❶ 각뿔의 밑면의 변의 수 구하기
각뿔의 밑면의 변의 수를 □개라 하면
면이 9개이므로 □+1=9, □=8이다.

❷ 각뿔과 밑면의 모양이 같은 각기둥의 이름 찾기
밑면의 변의 수가 8개이므로 각뿔의 이름은 팔각
뿔이고 이 각뿔과 밑면의 모양이 같은 각기둥은
팔각기둥이다.

❸ (팔각기둥의 모서리의 수)=8×3=24(개)

참고
밑면이 팔각형인 ┌ 각뿔은 팔각뿔이고
└ 각기둥은 팔각기둥이다.

3-2 ❶ 각기둥의 한 밑면의 변의 수 구하기
각기둥의 한 밑면의 변의 수를 □개라 하면
모서리가 21개이므로 □×3=21, □=7이다.

❷ 각기둥과 밑면의 모양이 같은 각뿔의 이름 찾기
한 밑면의 변의 수가 7개이므로 각기둥의 이름은
칠각기둥이고 이 각기둥과 밑면의 모양이 같은
각뿔은 칠각뿔이다.

❸ (칠각뿔의 면의 수)=7+1=8(개)

3-3 ❶ 각뿔의 밑면의 변의 수 구하기
각뿔의 밑면의 변의 수를 □개라 하면 면의 수는
(□+1)개, 모서리의 수는 (□×2)개, 꼭짓점의
수는 (□+1)개이므로
□+1+□×2+□+1=38, □×4+2=38,
□×4=36, □=9이다.

❷ 각뿔과 밑면의 모양이 같은 각기둥의 이름 찾기
밑면의 변의 수가 9개이므로 각뿔의 이름은 구각
뿔이고 이 각뿔과 밑면의 모양이 같은 각기둥은
구각기둥이다.

❸ (구각기둥의 꼭짓점의 수)=9×2=18(개)

문해력 문제 4

풀기 ❶ 8 ❷ 4

❸ 4 / 20, 24, 3 / 3

답 3 cm

4-1 12 cm **4-2** 15 cm

4-3 16 cm

4-1 ❶ 각기둥의 밑면의 한 변의 길이를 □ cm라 하면
길이가 □ cm인 모서리가 5×2=10(개) 있고,

❷ 길이가 7 cm인 모서리가 5개 있다.

❸ (각기둥의 모든 모서리의 길이의 합)
=□×10+7×5=155,
□×10+35=155, □×10=120, □=12이
므로 밑면의 한 변의 길이는 12 cm이다.

참고
(■각기둥의 모든 모서리의 길이의 합)
=(한 밑면의 둘레)×2+(높이)×■

4-2 ❶ 각기둥의 높이를 □ cm라 하면
길이가 21 cm인 모서리가 3×2=6(개) 있고,

❷ 길이가 □ cm인 모서리가 3개 있다.

❸ (각기둥의 모든 모서리의 길이의 합)
=21×6+□×3=171,
126+□×3=171, □×3=45, □=15이므로
각기둥의 높이는 15 cm이다.

4-3 ❶ 꼭짓점마다 연결하는 데 사용한 철사의 길이의 합 구하기
사각뿔 모양이므로 꼭짓점은 5개이고 꼭짓점마다
연결하는 데 사용한 철사의 길이는 모두
3×5=15 (cm)이다.

❷ 각뿔의 모든 모서리의 길이의 합 구하기
(각뿔의 모든 모서리의 길이의 합)
=175-15=160 (cm)

❸ 각뿔의 밑면의 한 변의 길이 구하기
밑면의 한 변의 길이를 □ cm라 하면
□×4+24×4=160, □×4+96=160,
□×4=64, □=16이다.

주의
각뿔의 모든 모서리의 길이의 합은 사용한 전체 철사의
길이에서 꼭짓점마다 연결하는 데 사용한 철사의 길이
의 합을 꼭 빼야 한다.

4주 🔽 일 108~109 쪽

문해력 문제 5

전략 세로 / 높이

풀기 ❶ 3 / 2, 5 / 2, 3

❷ 3, 5, 3, 45

답 45개

5-1 16개 **5-2** 512개

5-3 300 cm

5-1 ❶ (가로로 놓는 두부의 수)=12÷3=4(개)
(세로로 놓는 두부의 수)=10÷5=2(개)
(높이로 쌓는 두부의 수)=4÷2=2(개)
❷ (상자에 담을 수 있는 두부의 수)
=4×2×2=16(개)

> **참고**
> 직육면체 모양의 상자에 담을 수 있는 직육면체 모양의 물건의 수는 가로, 세로, 높이로 놓는 물건의 수를 각각 곱하여 구할 수 있다.

5-2 ❶ 4 m=400 cm, 2 m=200 cm, 8 m=800 cm
(가로로 놓는 상자의 수)=400÷50=8(개)
(세로로 놓는 상자의 수)=200÷50=4(개)
(높이로 쌓는 상자의 수)=800÷50=16(개)
❷ (컨테이너에 쌓을 수 있는 상자의 수)
=8×4×16=512(개)

> **주의**
> 1 m=100 cm임을 이용하여 컨테이너의 가로, 세로, 높이의 단위와 상자의 가로, 세로, 높이의 단위를 같게 하여 계산한다.

5-3 ❶ (가로로 놓는 상자의 수)=200÷20=10(개)
(세로로 놓는 상자의 수)=120÷20=6(개)
(한 층에 놓는 상자의 수)=10×6=60(개)
❷ (쌓은 전체 상자의 수)÷(한 층에 놓는 상자의 수)
=900÷60=15(층)
❸ (통의 높이)
=(상자의 한 모서리의 길이)×(상자를 쌓은 층수)
=15×20=300 (cm)

4주 🔽 일 110~111 쪽

문해력 문제 6

전략 2

풀기 ❶ (왼쪽에서부터) 12, 15, 6

❷ 12, 6, 12 / 342, 684

답 684 cm²

6-1 366 cm² **6-2** 1350 cm²

6-3 2820 cm²

6-1 ❶ 백설기의 겨냥도:

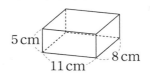

❷ (백설기의 겉넓이)
=(11×8+11×5+8×5)×2
=183×2
=366 (cm²)

6-2 ❶ (주사위의 한 모서리의 길이)
=$\frac{3}{20}$ m=0.15 m ➡ 15 cm
❷ (주사위의 겉넓이)=15×15×6
=1350 (cm²)

6-3 ❶ 서랍장의 부피를 이용하여 서랍장의 높이 구하기
서랍장의 높이를 □ cm라 하면
30×25×□=9000, 750×□=9000, □=12
이므로 서랍장의 높이는 12 cm이다.
❷ 겨냥도를 그리고 서랍장의 겉넓이 구하기

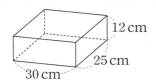

(서랍장의 겉넓이)
=(30×25+30×12+25×12)×2
=1410×2
=2820 (cm²)

> **다르게 풀기**
> (서랍장의 겉넓이)
> =(30×25)×2+(30+25+30+25)×12
> =1500+1320=2820 (cm²)

정답과 해설

문해력 문제 7

전략 ÷ / ×, ×

풀기 ❶ 6, 64   ❷ 64, 8

❸ 8, 8, 8, 512

답 512 cm³

7-1 1331 cm³   **7-2** 5 cm

7-3 3904 cm³

7-1 전략

겉넓이를 이용하여 한 면의 넓이를 구한 후 정육면체의 한 모서리의 길이를 구한다.

❶ (만든 정육면체의 한 면의 넓이)
$= 726 ÷ 6 = 121$ (cm²)

❷ 정육면체의 한 모서리의 길이를 □ cm라 하면
□×□=121이므로 11×11=121에서
□=11이다.

❸ (정육면체의 부피)
$= 11 × 11 × 11 = 1331$ (cm³)

7-2 ❶ (세희가 만든 정육면체의 한 면의 넓이)
$= 1350 ÷ 6 = 225$ (cm²)

❷ 세희가 만든 정육면체의 한 모서리의 길이를
□ cm라 하면
□×□=225이므로 15×15=225에서
□=15이다.

❸ 은주가 만든 정육면체의 한 모서리의 길이는
15÷3=5 (cm)이다.

7-3 ❶ (만든 정육면체의 한 면의 넓이)
$= 1536 ÷ 6 = 256$ (cm²)

❷ 정육면체의 한 모서리의 길이를 □ cm라 하면
□×□=256이므로 16×16=256에서
□=16이다.

❸ 도토리묵의 가장 짧은 모서리의 길이는 16 cm
이므로
(가장 큰 정육면체를 잘라 내고 남은 부분의 부피)
$= 25 × 16 × 20 - 16 × 16 × 16$
$= 8000 - 4096$
$= 3904$ (cm³)

문해력 문제 8

전략 × / ×

풀기 ❶ 2, 2, 4   ❷ 28

❸ 4, 28, 112

답 112 cm²

8-1 270 cm²   **8-2** 416 cm²

8-3 750 cm²

8-1 ❶ (쌓기나무의 한 면의 넓이)=3×3=9 (cm²)

❷ (겉면을 이루는 쌓기나무의 면의 수)=30개

❸ (입체도형의 겉넓이)=9×30=270 (cm²)

참고

입체도형의 겉면을 이루는 쌓기나무의 면의 수를 셀 때에는 입체도형을 위, 앞, 옆에서 본 모양을 알아본다.

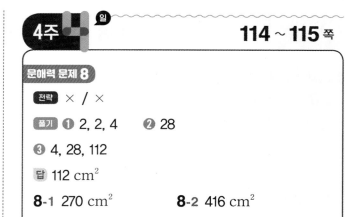

쌓기나무 9개로
만든 모양

위   앞   옆(오른쪽)

(겉면을 이루는 쌓기나무의 면의 수)
=(위, 앞, 옆에서 본 모양의 쌓기나무 면의 수의 합)×2
=(5+6+4)×2=30(개)

8-2 ❶ 쌓기나무의 한 모서리의 길이를 □ cm라 하면
□×□×□=64, □=4이다.
(쌓기나무의 한 면의 넓이)=4×4=16 (cm²)

❷ (겉면을 이루는 쌓기나무의 면의 수)=26개

❸ (입체도형의 겉넓이)=16×26=416 (cm²)

8-3 ❶ 사용된 쌓기나무의 개수는 1층에 4개, 2층에 4개,
3층에 2개로 모두 10개이다.
(쌓기나무 한 개의 부피)
$= 1250 ÷ 10 = 125$ (cm³)

❷ 쌓기나무의 한 모서리의 길이를 □ cm라 하면
□×□×□=125, □=5이다.
(쌓기나무의 한 면의 넓이)=5×5=25 (cm²)

❸ (겉면을 이루는 쌓기나무의 면의 수)=30개

❹ (입체도형의 겉넓이)=25×30=750 (cm²)

참고

쌓기나무를 가장 적게 사용하여 만든 모양은 뒤에 보이지 않는 쌓기나무가 없는 경우이다.

4주 일 116 ~ 117 쪽

기출 1

❶ 5, 25

❷ 8 / 25, 8, 200

❸ 예 사각뿔의 꼭짓점은 5개이므로

(필요한 붙임딱지의 수)=200+5=205(개)

이다.

답 205개

기출 2

❶ 12, 3 / 3, 2250

❷ 15, 4.2 / 4.2, 1575

❸ (돌 1개의 부피)−(쇠구슬 1개의 부피)

=2250−1575=675 (cm³)

답 675 cm³

4주 일 118 ~ 119 쪽

창의 3

❶ 2, 270

❷ 270, 18

❸ (프리즘의 모든 모서리의 길이의 합)

=18×2+15×3

=36+45=81 (cm)

답 81 cm

융합 4

❶ 50, 30, 3600

❷ 40, 10, 20, 3400

❸ 40, 2400

❹ (얼음의 겉넓이)=3600+3400+2400

=9400 (cm²)

답 9400 cm²

❹ 얼음의 겉넓이는 ❶, ❷, ❸에서 구한 넓이를 모두
더한다.

4주 주말 TEST 120 ~ 123 쪽

1 17개	**2** 192 cm
3 10개	**4** 24개
5 320 cm²	**6** 95 cm
7 729 cm³	**8** 11 cm
9 234 cm²	**10** 6 cm

1 ❶ 각기둥의 한 밑면의 변의 수를 □개라 하면
모서리가 15개이므로 □×3=15, □=5이다.

❷ (면의 수)=5+2=7(개)

(꼭짓점의 수)=5×2=10(개)

❸ (면의 수)+(꼭짓점의 수)

=7+10=17(개)

2 ❶ 밑면이 정육각형이므로 각뿔의 이름은 육각뿔이다.

❷ 길이가 12 cm인 모서리는 6개, 길이가 20 cm
인 모서리는 6개이다.

❸ (각뿔의 모든 모서리의 길이의 합)

=12×6+20×6

=72+120

=192 (cm)

3 ❶ 각뿔의 밑면의 변의 수 구하기
각뿔의 밑면의 변의 수를 □개라 하면
꼭짓점이 9개이므로 □+1=9, □=8이다.

❷ 각뿔과 밑면의 모양이 같은 각기둥의 이름 구하기
밑면의 변의 수가 8개이므로 각뿔의 이름은 팔각
뿔이고 이 각뿔과 밑면의 모양이 같은 각기둥은
팔각기둥이다.

❸ (팔각기둥의 면의 수)=8+2=10(개)

4 ❶ 가로, 세로, 높이로 놓는 나무토막의 수 구하기
(가로로 놓는 나무토막의 수)

=20÷5=4(개)

(세로로 놓는 나무토막의 수)

=15÷5=3(개)

(높이로 쌓는 나무토막의 수)

=8÷4=2(개)

❷ (상자에 담을 수 있는 나무토막의 수)

=4×3×2=24(개)

5 ❶ 케이크의 겨냥도:

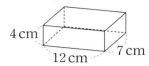

4 cm
12 cm
7 cm

❷ (케이크의 겉넓이)
$= (12 \times 7 + 12 \times 4 + 7 \times 4) \times 2$
$= 160 \times 2$
$= 320 \ (cm^2)$

> 다르게 풀기
>
> (케이크의 겉넓이)
> $= (12 \times 7) \times 2 + (12 + 7 + 12 + 7) \times 4$
> $= 168 + 152$
> $= 320 \ (cm^2)$

6 ❶ 각기둥의 이름 구하기
밑면이 정오각형이므로 각기둥의 이름은 오각기둥이다.

❷ 길이가 7 cm인 모서리와 길이가 5 cm인 모서리의 개수 구하기
길이가 7 cm인 모서리는 10개, 길이가 5 cm인 모서리는 5개이다.

❸ (각기둥의 모든 모서리의 길이의 합)
$= 7 \times 10 + 5 \times 5$
$= 70 + 25 = 95 \ (cm)$

7 ❶ (만든 정육면체의 한 면의 넓이)
$= 486 \div 6 = 81 \ (cm^2)$

❷ 정육면체의 한 모서리의 길이 구하기
정육면체의 한 모서리의 길이를 □ cm라 하면
□ × □ = 81이므로 9 × 9 = 81에서 □ = 9이다.

❸ (정육면체의 부피) $= 9 \times 9 \times 9 = 729 \ (cm^3)$

> 참고
>
> (정육면체의 겉넓이) = (한 면의 넓이) × 6
> ➡ (정육면체의 한 면의 넓이) = (정육면체의 겉넓이) ÷ 6

8 ❶ 각기둥의 밑면의 한 변의 길이를 □ cm라 하면
길이가 □ cm인 모서리가 6 × 2 = 12(개) 있고,

❷ 길이가 9 cm인 모서리가 6개 있다.

❸ 각기둥의 밑면의 한 변의 길이 구하기
(각기둥의 모든 모서리의 길이의 합)
$= □ \times 12 + 9 \times 6 = 186$,
$□ \times 12 + 54 = 186$, $□ \times 12 = 132$, $□ = 11$이므로 밑면의 한 변의 길이는 11 cm이다.

9 ❶ (쌓기나무 한 면의 넓이)
$= 3 \times 3 = 9 \ (cm^2)$

❷ (겉면을 이루는 쌓기나무의 면의 수) = 26개

❸ (입체도형의 겉넓이)
$= 9 \times 26 = 234 \ (cm^2)$

> 참고
>
> (입체도형의 겉넓이)
> = (쌓기나무의 한 면의 넓이)
> × (겉면을 이루는 쌓기나무의 면의 수)

> 주의
>
> 입체도형의 겉면을 이루는 쌓기나무의 면의 수를 구할 때 바닥에 있는 면도 빠뜨리지 않고 꼭 세어야 한다.
>
> 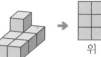 ➡
> 위   앞   옆(오른쪽)
>
> 위에서 본 쌓기나무의 면의 수: 6개
> 앞에서 본 쌓기나무의 면의 수: 3개
> 옆에서 본 쌓기나무의 면의 수: 4개

10 ❶ (승아가 만든 선물 상자의 한 면의 넓이)
$= 864 \div 6$
$= 144 \ (cm^2)$

❷ 승아가 만든 선물 상자의 한 모서리의 길이 구하기
승아가 만든 선물 상자의 한 모서리의 길이를 □ cm라 하면
□ × □ = 144이므로 12 × 12 = 144에서
□ = 12이다.

❸ 유진이가 만든 선물 상자의 한 모서리의 길이는 12 ÷ 2 = 6 (cm)이다.

> 주의
>
> 승아는 유진이가 만든 선물 상자의 한 모서리의 길이를 2배로 늘였으므로
> (유진이가 만든 선물 상자의 한 모서리의 길이)
> = (승아가 만든 선물 상자의 한 모서리의 길이) ÷ 2

> 정육면체의 각 모서리의 길이를 2배로 늘이면 겉넓이는 $2 \times 2 = 4$(배)로 늘어나!

1주 분수의 나눗셈

1주 1일 복습 1~2쪽

1 $\frac{7}{40}$ m

2 $19\frac{2}{3}\left(=\frac{59}{3}\right)$ cm

3 $\frac{11}{27}$ m

4 $\frac{1}{8}$ km

5 $5\frac{1}{4}\left(=\frac{21}{4}\right)$ km

6 참새

1
> **전략**
> 정사각형의 둘레를 이용하여 한 변의 길이를 구하자.

❶ (정사각형 1개의 둘레)

$$=\frac{21}{5}\div6=\frac{\overset{7}{\cancel{21}}}{5}\times\frac{1}{\underset{2}{\cancel{6}}}=\frac{7}{10}\text{ (m)}$$

❷ (정사각형의 한 변의 길이)

$$=\frac{7}{10}\div4=\frac{7}{10}\times\frac{1}{4}=\frac{7}{40}\text{ (m)}$$

2 ❶ (가로)$=14\frac{2}{3}\div8=\frac{44}{3}\div8$

$$=\frac{\overset{11}{\cancel{44}}}{3}\times\frac{1}{\underset{2}{\cancel{8}}}=\frac{11}{6}\text{ (cm)}$$

❷ (직사각형의 둘레)$=(\frac{11}{6}+8)\times2=\frac{59}{\underset{3}{\cancel{6}}}\times\overset{1}{\cancel{2}}$

$$=\frac{59}{3}=19\frac{2}{3}\text{ (cm)}$$

> **참고**
> • (직사각형의 넓이)=(가로)×(세로)
> ➜ (가로)=(직사각형의 넓이)÷(세로)
> • (직사각형의 둘레)=(가로)+(세로)+(가로)+(세로)
> =(가로+세로)×2

3 ❶ (철사 한 도막의 길이)

$$=12\frac{2}{9}\div3=\frac{110}{9}\div3=\frac{110}{9}\times\frac{1}{3}=\frac{110}{27}\text{ (m)}$$

❷ (정오각형 1개의 둘레)

$$=\frac{110}{27}\div2=\frac{110}{27}\times\frac{1}{\underset{1}{\cancel{2}}}=\frac{55}{27}\text{ (m)}$$

❸ (정오각형의 한 변의 길이)

$$=\frac{55}{27}\div5=\frac{\overset{11}{\cancel{55}}}{27}\times\frac{1}{\underset{1}{\cancel{5}}}=\frac{11}{27}\text{ (m)}$$

> **참고**
> (정다각형의 둘레)
> =(정다각형의 한 변의 길이)×(변의 수)
> ➜ (정다각형의 한 변의 길이)
> =(정다각형의 둘레)÷(변의 수)

4 ❶ (4분 동안 달린 거리)$=3\frac{5}{6}-3\frac{1}{3}=3\frac{5}{6}-3\frac{2}{6}$

$$=\frac{\overset{1}{\cancel{3}}}{\underset{2}{\cancel{6}}}=\frac{1}{2}\text{ (km)}$$

❷ (1분 동안 달린 거리)$=\frac{1}{2}\div4=\frac{1}{2}\times\frac{1}{4}=\frac{1}{8}\text{ (km)}$

5 ❶ (순찰차가 1분 동안 달린 거리)

$$=8\frac{1}{6}\div14=\frac{49}{6}\div14$$

$$=\frac{\overset{7}{\cancel{49}}}{6}\times\frac{1}{\underset{2}{\cancel{14}}}=\frac{7}{12}\text{ (km)}$$

❷ (순찰 구역 한 바퀴의 거리)
  =(순찰차가 9분 동안 달린 거리)

$$=\frac{7}{\underset{4}{\cancel{12}}}\times\overset{3}{\cancel{9}}=\frac{21}{4}=5\frac{1}{4}\text{ (km)}$$

> **참고**
> • (1분 동안 달린 거리)=(달린 거리)÷(걸린 시간)
> • (▲분 동안 달린 거리)=(1분 동안 달린 거리)×▲

6 ❶ 까마귀와 참새가 각각 1분 동안 나는 거리 구하기
  (까마귀가 1분 동안 나는 거리)

$$=\frac{21}{5}\div7=\frac{\overset{3}{\cancel{21}}}{5}\times\frac{1}{\underset{1}{\cancel{7}}}=\frac{3}{5}\text{ (km)}$$

  (참새가 1분 동안 나는 거리)

$$=12\div16=\frac{\overset{3}{\cancel{12}}}{\underset{4}{\cancel{16}}}=\frac{3}{4}\text{ (km)}$$

❷ 위 ❶에서 구한 값의 크기를 비교하여 더 빠른 새 구하기
  $\frac{3}{5}<\frac{3}{4}$이므로 더 빠른 새는 참새이다.

> **참고**
> 분수의 분자가 같을 때 분모가 작을수록 더 큰 수이다.

1주 2일 복습　3~4쪽

1 48	**2** 3, 5, 15
3 7	**4** 은재
5 옷	**6** $\dfrac{1}{6}$ m²

1 전략

주어진 식을 가장 간단한 분수로 나타낸다.

❶ $\dfrac{3}{8} \times ★ \div 18 = \dfrac{3}{8} \times ★ \times \dfrac{1}{\overset{6}{18}} = \dfrac{★}{48}$

❷ 위 ❶에서 나타낸 분수가 가장 작은 자연수가 되려면 ★은 48의 배수 중 가장 작은 수이어야 한다. ➡ ★ = 48

2 ❶ $\dfrac{20}{9} \div ● \times 6\dfrac{3}{4} = \dfrac{\overset{5}{20}}{9} \times \dfrac{1}{●} \times \dfrac{\overset{3}{27}}{\underset{1}{4}} = \dfrac{15}{●}$

❷ 위 ❶에서 나타낸 분수가 자연수가 되려면 ●는 15의 약수이어야 한다.
이때, ●는 1보다 큰 자연수이므로 3, 5, 15가 될 수 있다.

3 ❶ 계산 결과가 가장 작은 자연수가 되는 ■ 구하기

$2\dfrac{1}{3} \div 7 \times ■ = \dfrac{\overset{1}{7}}{3} \times \dfrac{1}{\underset{1}{7}} \times ■ = \dfrac{■}{3}$

$\dfrac{■}{3}$가 가장 작은 자연수가 되려면 ■는 3의 배수 중 가장 작은 수이어야 한다. ➡ ■ = 3

❷ 계산 결과가 가장 작은 자연수가 되는 ▲ 구하기

$\dfrac{12}{5} \div ▲ \times 4\dfrac{1}{6} = \dfrac{\overset{2}{12}}{\underset{1}{5}} \times \dfrac{1}{▲} \times \dfrac{\overset{5}{25}}{\underset{1}{6}} = \dfrac{10}{▲}$

$\dfrac{10}{▲}$이 가장 작은 자연수가 되려면 ▲는 10의 약수 중 가장 큰 수이어야 한다. ➡ ▲ = 10

❸ ■와 ▲의 차 구하기
3 < 10이므로 ▲ − ■ = 10 − 3 = 7이다.

참고

· 곱셈과 나눗셈이 섞여 있는 세 수의 계산 방법

방법1 앞에서부터 두 수씩 차례로 계산한다.

$■ \div ● \times ▲ = \left(■ \times \dfrac{1}{●}\right) \times ▲$

$ = \dfrac{■}{●} \times ▲ = \dfrac{■ \times ▲}{●}$

방법2 나눗셈을 곱셈으로 나타내 한꺼번에 계산한다.

$■ \div ● \times ▲ = ■ \times \dfrac{1}{●} \times ▲ = \dfrac{■ \times ▲}{●}$

4 전략

전체 너비를 똑같이 나눈 칸의 수로 나누어 한 칸의 너비를 구하자.

❶ (은재가 나눈 책장 한 칸의 너비)

$= 1 \div 4 = \dfrac{1}{4}$ (m)

(효준이가 나눈 책장 한 칸의 너비)

$= 3 \div 7 = \dfrac{3}{7}$ (m)

❷ $\dfrac{1}{4} = \dfrac{7}{28}$, $\dfrac{3}{7} = \dfrac{12}{28}$ ➡ $\dfrac{1}{4} < \dfrac{3}{7}$

따라서 책장 한 칸의 너비를 더 좁게 나눈 사람은 은재이다.

5 ❶ (옷을 넣은 칸의 넓이)

$= \dfrac{8}{25} \div 12 \times 5$

$= \dfrac{\overset{2}{8}}{\underset{5}{25}} \times \dfrac{1}{\underset{3}{12}} \times \overset{1}{5}$

$= \dfrac{2}{15}$ (m²)

(수건을 넣은 칸의 넓이)

$= \dfrac{1}{9} \div 4 \times 3$

$= \dfrac{1}{\underset{3}{9}} \times \dfrac{1}{4} \times \overset{1}{3}$

$= \dfrac{1}{12}$ (m²)

❷ $\dfrac{2}{15} = \dfrac{8}{60}$, $\dfrac{1}{12} = \dfrac{5}{60}$ ➡ $\dfrac{2}{15} > \dfrac{1}{12}$

따라서 옷과 수건 중 넣은 칸 넓이가 더 넓은 것은 옷이다.

6 ❶ 가방을 만든 천의 넓이 구하기

가방을 만든 천은 전체 천을 14등분 한 것 중 14 − 9 = 5(부분)이다.

➡ (가방을 만든 천의 넓이)

$= 7 \div 14 \times 5$

$= \overset{1}{7} \times \dfrac{1}{\underset{2}{14}} \times 5 = \dfrac{5}{2}$ (m²)

❷ 인형을 만든 천의 넓이 구하기

(인형을 만든 천의 넓이)

= (가방을 만든 천의 넓이) × $\dfrac{1}{15}$

$= \dfrac{\overset{1}{5}}{2} \times \dfrac{1}{\underset{3}{15}} = \dfrac{1}{6}$ (m²)

1 $\dfrac{4}{45}$

2 $\dfrac{4}{7}$

3 $\dfrac{29}{72}$

4 14 cm

5 $4\dfrac{2}{3}\left(=\dfrac{14}{3}\right)$ cm

---

1 ❶ 3개의 수를 비교하면 4<5<9이다.

❷ 나누는 수인 자연수는 가장 큰 수 9로, 나누어지는 수인 진분수는 나머지 두 수 4, 5로 만들어 계산한다.

➡ $\dfrac{4}{5}\div 9=\dfrac{4}{5}\times\dfrac{1}{9}=\dfrac{4}{45}$

> **참고**
>
> • (분수)÷(자연수)의 계산 결과가 가장 크려면 나누는 수인 자연수는 가장 작고, 나누어지는 수인 분수는 가장 커야 한다.
> • (분수)÷(자연수)의 계산 결과가 가장 작으려면 나누는 수인 자연수는 가장 크고, 나누어지는 수인 분수는 가장 작아야 한다.

2 ❶ 수 카드의 수를 비교하면 2<7<8이다.

❷ 나누는 수인 자연수는 가장 작은 수 2로, 나누어지는 수인 가분수는 나머지 두 수 7, 8로 만들어 계산한다.

➡ $\dfrac{8}{7}\div 2=\dfrac{\overset{4}{8}}{7}\times\dfrac{1}{\underset{1}{2}}=\dfrac{4}{7}$

3 ❶ 나무 블록에 적힌 수 비교하기

나무 블록에 적힌 수를 비교하면 3<5<8<9이다.

❷ 계산 결과가 가장 작은 (대분수)÷(자연수)의 나눗셈을 만들어 몫 구하기

나누는 수인 자연수는 가장 큰 수 9로, 나누어지는 수인 대분수는 나머지 세 수 3, 5, 8로 가장 작은 대분수를 만들어 계산한다.

➡ $3\dfrac{5}{8}\div 9=\dfrac{29}{8}\div 9=\dfrac{29}{8}\times\dfrac{1}{9}=\dfrac{29}{72}$

> **참고**
>
> • 세 수로 대분수 만들기
> **예** 세 수가 ■>▲>●인 경우
>
> ① 가장 큰 대분수 만들기: $■\dfrac{●}{▲}$
>
> ② 가장 작은 대분수 만들기: $●\dfrac{▲}{■}$

4 ❶ (실 한 도막의 길이)

$=39\div 12=\dfrac{\overset{13}{39}}{\underset{4}{12}}=\dfrac{13}{4}$ (cm)

➡ (실 5도막의 길이의 합)$=\dfrac{13}{4}\times 5$

$=\dfrac{65}{4}=16\dfrac{1}{4}$ (cm)

❷ 실이 겹치는 부분은 5−1=4(군데)이다.

➡ (겹치는 부분의 길이의 합)$=\dfrac{9}{16}\times\overset{1}{\underset{4}{4}}$

$=\dfrac{9}{4}=2\dfrac{1}{4}$ (cm)

❸ (이어 붙인 전체 길이)

$=16\dfrac{1}{4}-2\dfrac{1}{4}=14$ (cm)

> **참고**
>
> • (겹치는 부분의 수)=(실의 도막 수)−1
> • (이어 붙인 전체 길이)
>   =(실의 길이의 합)−(겹치는 부분의 길이의 합)

5 ❶ (겹치는 부분의 길이의 합)

=(겹치는 부분의 길이)×(겹치는 부분의 수)

토끼풀이 겹치는 부분은 16−1=15(군데)이다.

➡ (겹치는 부분의 길이의 합)$=1\dfrac{5}{9}\times 15$

$=\dfrac{14}{\underset{3}{9}}\times\overset{5}{15}$

$=\dfrac{70}{3}=23\dfrac{1}{3}$ (cm)

❷ (토끼풀 16개의 길이의 합)

=(이어 붙인 전체 길이)+(겹치는 부분의 길이의 합)

(토끼풀 16개의 길이의 합)$=51\dfrac{1}{3}+23\dfrac{1}{3}$

$=74\dfrac{2}{3}$ (cm)

❸ (토끼풀 한 개의 길이)

=(토끼풀 16개의 길이의 합)÷16

(토끼풀 한 개의 길이)$=74\dfrac{2}{3}\div 16$

$=\dfrac{224}{3}\div 16$

$=\dfrac{\overset{14}{224}}{3}\times\dfrac{1}{\underset{1}{16}}$

$=\dfrac{14}{3}=4\dfrac{2}{3}$ (cm)

1주 4일 복습 7~8쪽

1 $\dfrac{3}{13}$ L	**2** $\dfrac{11}{21}$ L
3 $\dfrac{1}{10}$ kg	**4** 2시간
5 14시간	**6** 5일

1

전략

먼저 전체의 양을 구한 후 컵 한 개에 담은 양을 구하자.

❶ (9시간 동안 받은 커피 원액의 양)

$= \dfrac{2}{13} \times 9 = \dfrac{18}{13}$ (L)

❷ (컵 한 개에 담은 커피 원액의 양)

$= \dfrac{18}{13} \div 6 = \dfrac{\overset{3}{\cancel{18}}}{13} \times \dfrac{1}{\underset{1}{\cancel{6}}} = \dfrac{3}{13}$ (L)

참고

(■시간 동안 받은 커피 원액의 양)
=(1시간 동안 받은 커피 원액의 양)×■

2 ❶ (전체 밀크티의 양)
=(홍차의 양)+(우유의 양)

(전체 밀크티의 양)

$= \dfrac{25}{28} + \dfrac{9}{4} = \dfrac{25}{28} + \dfrac{63}{28} = \dfrac{\overset{22}{\cancel{88}}}{\underset{7}{\cancel{28}}} = \dfrac{22}{7}$ (L)

❷ (한 통에 담은 밀크티의 양)

$= \dfrac{22}{7} \div 6 = \dfrac{\overset{11}{\cancel{22}}}{7} \times \dfrac{1}{\underset{3}{\cancel{6}}} = \dfrac{11}{21}$ (L)

3 ❶ (비누 13개의 무게)
=(비누 13개가 담긴 상자의 무게)
 −(상자만의 무게)

(비누 13개의 무게)

$= 1\dfrac{21}{50} - \dfrac{3}{25} = \dfrac{71}{50} - \dfrac{6}{50} = \dfrac{\overset{13}{\cancel{65}}}{\underset{10}{\cancel{50}}} = \dfrac{13}{10}$ (kg)

❷ (비누 한 개의 무게)
=(비누 13개의 무게)÷13

(비누 한 개의 무게)$= \dfrac{13}{10} \div 13 = \dfrac{\overset{1}{\cancel{13}}}{10} \times \dfrac{1}{\underset{1}{\cancel{13}}}$

$= \dfrac{1}{10}$ (kg)

4 ❶ 전체 일의 양을 1이라 하면
(승민이가 한 시간에 하는 일의 양)

$= 1 \div 3 = \dfrac{1}{3}$,

(채은이가 한 시간에 하는 일의 양)

$= 1 \div 6 = \dfrac{1}{6}$ 이다.

❷ (두 사람이 함께 한 시간에 하는 일의 양)

$= \dfrac{1}{3} + \dfrac{1}{6} = \dfrac{2}{6} + \dfrac{1}{6} = \dfrac{\overset{1}{\cancel{3}}}{\underset{2}{\cancel{6}}} = \dfrac{1}{2}$

❸ $\dfrac{1}{2} \times 2 = 1$이므로 두 사람이 함께 일을 한다면
2시간 만에 고구마 한 상자를 캘 수 있다.

5 ❶ 전체 담당 택배량을 1이라 하면
(택배 기사 한 분이 한 시간에 배달하는 양)

$= \dfrac{2}{7} \div 4 = \dfrac{\overset{1}{\cancel{2}}}{7} \times \dfrac{1}{\underset{2}{\cancel{4}}} = \dfrac{1}{14}$ 이다.

❷ $\dfrac{1}{14} \times 14 = 1$이므로 택배 기사 한 분이 전체 담당
택배량을 다 배달하는 데 14시간이 걸린다.

6 ❶ 전체 일의 양을 1이라 하면
(두 로봇이 함께 하루에 하는 일의 양)

$= 1 \div 4 = \dfrac{1}{4}$,

(로봇 A가 하루에 하는 일의 양)

$= \dfrac{4}{5} \div 16 = \dfrac{\overset{1}{\cancel{4}}}{5} \times \dfrac{1}{\underset{4}{\cancel{16}}} = \dfrac{1}{20}$ 이다.

❷ (로봇 B가 하루에 하는 일의 양)

$= \dfrac{1}{4} - \dfrac{1}{20} = \dfrac{5}{20} - \dfrac{1}{20} = \dfrac{\overset{1}{\cancel{4}}}{\underset{5}{\cancel{20}}} = \dfrac{1}{5}$

❸ $\dfrac{1}{5} \times 5 = 1$이므로 로봇 B가 혼자 공항 전체를
청소한다면 5일이 걸린다.

참고

• 어떤 일을 하는 데 ●일이 걸릴 때 전체 일의 양을
1이라 하면 하루에 하는 일의 양은 $1 \div ● = \dfrac{1}{●}$ 이다.

• 하루에 하는 일의 양이 전체의 $\dfrac{1}{▲}$일 때
$\dfrac{1}{▲} \times ▲ = 1$이므로 일을 모두 하는 데 ▲일이 걸린다.

1주 5일 복습   9~10쪽

1 3쌍   **2** 22

3 풀이 참조, 답 $6\dfrac{8}{9}\left(=\dfrac{62}{9}\right)$

---

1 ❶ ㉠$÷$㉡$×1\dfrac{2}{13}=$㉠$×\dfrac{1}{㉡}×\dfrac{15}{13}$

$\qquad\qquad\qquad\quad =\dfrac{㉠}{㉡}×\dfrac{15}{13}$

❷ ㉠과 ㉡이 10보다 크고 35보다 작은 자연수일 때,

$\dfrac{㉠}{㉡}×\dfrac{15}{13}$가 자연수가 되려면

㉠은 13의 배수인 13, 26 중 하나이어야 한다.

⑴ ㉠$=13$인 경우

$\dfrac{㉠}{㉡}×\dfrac{15}{13}=\dfrac{\overset{1}{13}}{㉡}×\dfrac{15}{\underset{1}{13}}=\dfrac{15}{㉡}$이므로

㉡$=15$이다.

⑵ ㉠$=26$인 경우

$\dfrac{㉠}{㉡}×\dfrac{15}{13}=\dfrac{\overset{2}{26}}{㉡}×\dfrac{15}{\underset{1}{13}}=\dfrac{30}{㉡}$이므로

㉡은 15, 30이 될 수 있다.

❸ 계산 결과가 자연수가 되는 (㉠, ㉡)은 (13, 15), (26, 15), (26, 30)으로 모두 3쌍이다.

> **참고**
>
> 예 $\dfrac{2}{3}×●÷▲$의 계산 결과가 자연수가 되는 경우
>
> $\dfrac{2}{3}×●÷▲=\dfrac{2}{3}×●×\dfrac{1}{▲}=\dfrac{2}{3}×\dfrac{●}{▲}$가 자연수
>
> ➜ ●는 3의 배수이고, ▲는 ●에 3의 배수를 넣었을 때 자연수가 되도록 만족하는 수이다.

2 ❶ $5÷6×$㉠$÷$㉡$=5×\dfrac{1}{6}×$㉠$×\dfrac{1}{㉡}$

$\qquad\qquad\qquad\quad =\dfrac{5}{6}×\dfrac{㉠}{㉡}$

❷ ㉠과 ㉡이 9보다 크고 15보다 작은 자연수일 때,

$\dfrac{5}{6}×\dfrac{㉠}{㉡}$이 자연수가 되려면 ㉠은 6의 배수인 12 이어야 한다.

㉠$=12$일 때

$\dfrac{5}{6}×\dfrac{㉠}{㉡}=\dfrac{5}{\underset{1}{6}}×\dfrac{\overset{2}{12}}{㉡}=\dfrac{10}{㉡}$이므로

㉡$=10$이다.

❸ ㉠$+$㉡$=12+10=22$

> **주의**
>
> ㉠과 ㉡의 값은 9보다 크고 15보다 작은 자연수임을 잊지 말아야 한다.
>
> $\dfrac{10}{㉡}$이 자연수가 되게 하는 ㉡은 1, 2, 5도 있지만 9보다 크지 않으므로 조건을 만족할 수 없다.

3 ❶

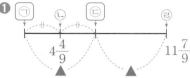

㉢$-$㉠$=$㉣$-$㉢이므로 ㉠과 ㉢ 사이의 간격은 ㉢과 ㉣ 사이의 간격과 같고, ㉡$-$㉠$=$㉢$-$㉡이므로 ㉠과 ㉡ 사이의 간격은 ㉡과 ㉢ 사이의 간격과 같다.

❷ (㉡과 ㉣ 사이의 간격)

$\quad =11\dfrac{7}{9}-4\dfrac{4}{9}$

$\quad =7\dfrac{3}{9}=7\dfrac{1}{3}$

❸ (㉡과 ㉢ 사이의 간격)

$\quad =$(㉡과 ㉣ 사이의 간격)$÷3$

$\quad =7\dfrac{1}{3}÷3=\dfrac{22}{3}×\dfrac{1}{3}$

$\quad =\dfrac{22}{9}=2\dfrac{4}{9}$

➜ ㉢$=$㉡$+$(㉡과 ㉢ 사이의 간격)

$\qquad =4\dfrac{4}{9}+2\dfrac{4}{9}$

$\qquad =6\dfrac{8}{9}$

2주 소수의 나눗셈

2주 1일 복습 11~12쪽

1 17.5초	**2** 2.25초
3 0.6분	**4** 30.8 cm
5 2.3 m	**6** 1.45 m

1 ❶ 2분 20초＝120초＋20초＝140초
　❷ (1 km를 이동하는 데 걸린 시간)
　　＝140÷8
　　＝17.5(초)

2 ❶ 2분 30초＝120초＋30초＝150초
　❷ (1 m를 이동하는 데 걸린 시간)
　　＝150÷600
　　＝0.25(초)
　❸ (9 m를 이동하는 데 걸린 시간)
　　＝0.25×9
　　＝2.25(초)

3 ❶ (유람선이 다리 아래를 완전히 지나가기 위해 가야 하는 거리)
　　＝210＋30＝240 (m)
　❷ (유람선이 다리 아래를 완전히 지나가는 데 걸리는 시간)
　　＝240÷400＝0.6(분)

4 ❶ 상추 모종 사이의 간격 수는 8－1＝7(군데)이다.
　❷ (상추 모종 사이의 간격)
　　＝215.6÷7＝30.8 (cm)

5 ❶ 진달래 사이의 간격 수는 180군데이다.
　❷ (진달래 사이의 간격)
　　＝414÷180＝2.3 (m)

6 ❶ (전등을 설치한 복도 천장의 길이)
　　＝18－0.6＝17.4 (m)
　❷ 전등 사이의 간격 수는 13－1＝12(군데)이다.
　❸ (전등 사이의 간격)
　　＝17.4÷12＝1.45 (m)

2주 2일 복습 13~14쪽

1 4 cm	**2** 9.08 cm
3 3.4 cm	**4** 4.8 km
5 2.4 m	**6** 1.1 km

1 ❶ (1분 동안 타는 모기향의 길이)
　　＝9.6÷60＝0.16 (cm)
　❷ (25분 동안 타는 모기향의 길이)
　　＝0.16×25＝4 (cm)

2 ❶ (1분 동안 타는 양초의 길이)
　　＝1.85÷5＝0.37 (cm)
　❷ (16분 동안 타는 양초의 길이)
　　＝0.37×16＝5.92 (cm)
　❸ (타고 남은 양초의 길이)
　　＝15－5.92＝9.08 (cm)

> 참고
> • (■분 동안 타고 남은 양초의 길이)
> 　＝(처음 양초의 길이)－(■분 동안 탄 양초의 길이)

3 ❶ (11분 동안 탄 인센스 스틱의 길이)
　　＝14－4.65＝9.35 (cm)
　❷ (1분 동안 탄 인센스 스틱의 길이)
　　＝9.35÷11＝0.85 (cm)
　❸ (4분 동안 탄 인센스 스틱의 길이)
　　＝0.85×4＝3.4 (cm)

4 ❶ (시우가 1분 동안 이동한 거리)
　　＝0.69÷3＝0.23 (km)
　　(채원이가 1분 동안 이동한 거리)
　　＝2÷8＝0.25 (km)
　❷ (1분 후 시우와 채원이 사이의 거리)
　　＝0.23＋0.25＝0.48 (km)
　❸ (10분 후 시우와 채원이 사이의 거리)
　　＝0.48×10＝4.8 (km)

5 ❶ (유진이가 1초 동안 이동한 거리)
　　＝1.6÷5＝0.32 (m)
　　(정우가 1초 동안 이동한 거리)
　　＝2.8÷7＝0.4 (m)
　❷ (1초 후 유진이와 정우 사이의 거리)
　　＝0.4－0.32＝0.08 (m)
　❸ (30초 후 유진이와 정우 사이의 거리)
　　＝0.08×30＝2.4 (m)

6 ❶ (오토바이가 20분 동안 이동한 거리)
　　$=1.3×20=26$ (km)
　❷ (트럭이 20분 동안 이동한 거리)
　　$=48-26=22$ (km)
　❸ (트럭이 1분 동안 이동한 거리)
　　$=22÷20=1.1$ (km)

2주 3일 복습　　　15 ~ 16 쪽

1 0.9	**2** 1.7
3 39.2	**4** 오전 7시 31분 36초
5 오후 2시 47분 12초	**6** 오후 6시 5분 12초

1 ❶ 소수점을 오른쪽으로 두 자리 옮기면 처음 수의 100배가 된다.
　❷ 바르게 계산한 몫을 ■라 하면 잘못 나타낸 몫은 $(100×■)$이므로 $100×■-■=89.1$이다.
　➡ $99×■=89.1$, $■=89.1÷99=0.9$

2 ❶ 소수점을 기준으로 수를 왼쪽으로 두 자리씩 옮기면 처음 수의 100배가 된다.
　❷ 바르게 계산한 몫을 ■라 하면 잘못 나타낸 몫은 $(100×■)$이므로 $100×■-■=168.3$이다.
　➡ $99×■=168.3$, $■=168.3÷99=1.7$

3 ❶ 소수점을 기준으로 수를 왼쪽으로 한 자리씩 옮기면 처음 수의 10배가 된다.
　❷ 바르게 계산한 몫을 ■라 하면 잘못 나타낸 몫은 $(10×■)$이므로 $10×■-■=50.4$이다.
　➡ $9×■=50.4$, $■=50.4÷9=5.6$
　❸ (어떤 수)$÷7=5.6$ ➡ (어떤 수)$=5.6×7=39.2$

4 ❶ (하루에 빨라지는 시간)$=24÷15=1.6$(분)
　➡ 1.6분=1분+$(0.6×60)$초=1분 36초
　❷ (내일 오전 7시 30분에 알람 시계가 가리키는 시각)
　　=오전 7시 30분+1분 36초=오전 7시 31분 36초

5 ❶ (하루에 느려지는 시간)$=14÷5=2.8$(분)
　➡ 2.8분=2분+$(0.8×60)$초=2분 48초
　❷ (오늘 오후 2시 50분에 벽시계가 가리키는 시각)
　　=오후 2시 50분-2분 48초=오후 2시 47분 12초

6 ❶ (하루에 빨라지는 시간)$=8.4÷21=0.4$(분)
　❷ (13일 동안 빨라지는 시간)$=0.4×13=5.2$(분)
　➡ 5.2분=5분+$(0.2×60)$초=5분 12초
　❸ (13일 뒤 오후 6시에 회중시계가 가리키는 시각)
　　=오후 6시+5분 12초=오후 6시 5분 12초

2주 4일 복습　　　17 ~ 18 쪽

1 19.36 cm	**2** 16.5 cm
3 12.25 m²	**4** 32.4 cm²
5 3.93 m	**6** 14.8 cm²

1 ❶ (직사각형의 넓이)=(정사각형의 넓이)
　　$=22×22=484$ (cm²)
　❷ (직사각형의 가로)$=484÷25=19.36$ (cm)

2 ❶ (사진의 넓이)
　　$=15×11=165$ (cm²)
　❷ (액자의 넓이)
　　$=165×1.2=198$ (cm²)
　❸ (액자의 가로)
　　$=198÷12=16.5$ (cm)

3 ❶ (삼각형의 높이)$=7×2÷4=3.5$ (m)
　❷ 직선 가와 직선 나는 서로 평행하므로 사다리꼴의 높이는 삼각형의 높이와 같은 3.5 m이다.
　❸ (사다리꼴의 넓이)$=(2+5)×3.5÷2$
　　$=12.25$ (m²)

4 ❶ (연주가 만든 수세미의 넓이)
　　=(세희가 만든 수세미의 넓이)$×0.5×6$
　　=(세희가 만든 수세미의 넓이)$×3$
　❷ (세희가 만든 수세미의 넓이)
　　=(연주가 만든 수세미의 넓이)$÷3$
　　$=97.2÷3=32.4$ (cm²)

5 ❶ (새로 만든 평행사변형의 넓이)
　　=(처음 평행사변형의 넓이)$×3×4$
　　=(처음 평행사변형의 넓이)$×12$
　❷ (처음 평행사변형의 넓이)
　　=(새로 만든 평행사변형의 넓이)$÷12$
　　$=235.8÷12=19.65$ (m²)
　❸ (처음 평행사변형의 밑변의 길이)
　　$=19.65÷5=3.93$ (m)

6 ❶ (새로 만든 삼각형의 넓이)
　　=(처음 삼각형의 넓이)$×1.8×5$
　　=(처음 삼각형의 넓이)$×9$
　❷ (처음 삼각형의 넓이)$×9$
　　=(처음 삼각형의 넓이)$+118.4$
　　➡ (처음 삼각형의 넓이)$×8=118.4$
　❸ (처음 삼각형의 넓이)$=118.4÷8=14.8$ (cm²)

2주 5일 복습 19~20쪽

1 5.3 **2** 7.5 cm

3 풀이 참조, 답 4.5 km

1 ❶ (만든 도형의 둘레)
= (정삼각형과 정사각형의 둘레의 합)
− (작은 정삼각형의 둘레)이므로
$77.1 = (15 \times 3 + 12 \times 4) - ⊙ \times 3$이다.
❷ $77.1 = 93 - ⊙ \times 3$, $⊙ \times 3 = 93 - 77.1$,
$⊙ \times 3 = 15.9$ ➡ $⊙ = 15.9 \div 3 = 5.3$

2 ❶ (만든 도형의 넓이)
= (두 정사각형의 넓이의 합)
− (직사각형의 넓이)이므로
$314.5 = 16 \times 16 + 9 \times 9 - (직사각형의 넓이)$
이다.
❷ $314.5 = 256 + 81 - (직사각형의 넓이)$,
$314.5 = 337 - (직사각형의 넓이)$,
$(직사각형의 넓이) = 337 - 314.5 = 22.5 \ (cm^2)$
❸ $(직사각형의 가로) = 22.5 \div 3 = 7.5 \ (cm)$

3 ❶ (1분 동안 다람쥐가 움직인 거리)
+ (1분 동안 청설모가 움직인 거리)
$= 0.4 + 0.5 = 0.9 \ (km)$
❷ 다람쥐와 청설모가 4번째 만날 때까지 35분이 걸렸으므로 35분 동안 움직인 거리는
$(1분 동안 다람쥐와 청설모가 움직인 거리의 합) \times 35$
$= 0.9 \times 35 = 31.5 \ (km)$이다.
❸

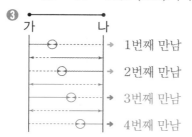

다람쥐와 청설모가 4번째 만날 때까지 움직인 거리는 가 지점과 나 지점 사이 거리의 7배이다.
➡ (가 지점과 나 지점 사이의 거리)
= (다람쥐와 청설모가 만날 때까지 움직인 거리) ÷ 7
$= 31.5 \div 7 = 4.5 \ (km)$

3주 비와 비율

3주 1일 복습 21~22쪽

1 140 : 78 **2** 35 : 54

3 25 : 88 **4** 현성

5 A 팀 **6** 과학 시험

1
> **전략**
> 비로 나타내려면 비교하는 양과 기준량을 찾자.

❶ (운동 직후 심장 박동 수) = 78 + 62 = 140(회)
❷ 기준량은 운동 전 심장 박동 수이고, 비교하는 양은 운동 직후 심장 박동 수이므로 비로 나타내면 140 : 78이다.

2 ❶ (100원짜리 동전 수) = 54 − 19 = 35(개)
❷ 기준량은 500원짜리 동전 수이고, 비교하는 양은 100원짜리 동전 수이므로 비로 나타내면 35 : 54이다.

3 ❶ (플라스틱의 양) = 42 − 17 = 25 (kg)
❷ (전체 재활용품 양) = 25 + 42 + 13 + 8
$= 88 \ (kg)$
❸ 기준량은 전체 재활용품 양이고, 비교하는 양은 플라스틱 양이므로 비로 나타내면 25 : 88이다.

4 ❶ $(재아의 성공률) = \dfrac{4}{10} = 0.4$
❷ $(현성이의 성공률) = \dfrac{6}{12} = 0.5$
❸ $0.4 < 0.5$이므로 현성이의 성공률이 더 높다.

5 ❶ $(A \ 팀의 승률) = \dfrac{42}{70} = 0.6$
❷ $(B \ 팀의 승률) = \dfrac{54}{72} = 0.75$
❸ $0.6 < 0.75$이므로 A 팀의 승률이 더 낮다.

6 ❶ (국어 시험에서 틀린 문제 수) = 25 − 19 = 6(문제)
➡ $(오답률) = \dfrac{6}{25} = 0.24$
❷ (과학 시험에서 틀린 문제 수) = 20 − 17 = 3(문제)
➡ $(오답률) = \dfrac{3}{20} = 0.15$
❸ $0.24 > 0.15$이므로 오답률이 더 낮은 시험은 과학 시험이다.

정답과 해설

1 75.6 m	**2** 1.6 m
3 5.4 m	**4** 660 m
5 100 cm	**6** 7350 m²

1 ❶ (건물 A의 높이에 대한 그림자 길이의 비율)

$$=\frac{24}{20}=1.2$$

❷ (건물 B의 그림자 길이)

$$=63\times1.2=75.6\ (m)$$

2 ❶ (전봇대의 높이에 대한 그림자 길이의 비율)

$$=\frac{6}{15}=0.4$$

❷ (신호등의 그림자 길이)

$$=4\times0.4=1.6\ (m)$$

3 ❶ (낮 12시에 잰 세종대왕 동상의 높이에 대한 그림자 길이의 비율)

$$=\frac{3}{6}=0.5$$

❷ (오전 10시에 잰 세종대왕 동상의 높이에 대한 그림자 길이의 비율)

$$=0.5\times1.8=0.9$$

❸ (오전 10시에 잰 세종대왕 동상의 그림자 길이)

$$=6\times0.9=5.4\ (m)$$

> **참고**
>
> $$(비율)=\frac{(비교하는\ 양)}{(기준량)}$$
>
> ➡ (비교하는 양)=(기준량)×(비율)
>
> ➡ (기준량)=(비교하는 양)÷(비율)

4 ❶ (분재 전시관에서 장미 정원까지의 실제 거리)

$$=440\ m=44000\ cm$$

(실제 거리에 대한 지도에서의 거리의 비율)

$$=\frac{4}{44000}=\frac{1}{11000}$$

❷ (지도에서 장미 정원에서 연못까지의 거리가 6 cm일 때 실제 거리)

$$=6\times11000=66000\ (cm)\ ➡\ 660\ m$$

> **주의**
>
> 1 m=100 cm임을 이용하여 실제 거리와 지도에서의 거리의 단위를 같게 한다.

5 ❶ (창덕궁에서 광희문까지의 실제 거리)

$$=3200\ m=320000\ cm$$

(실제 거리에 대한 대동여지도에서의 거리의 비율)

$$=\frac{2}{320000}=\frac{1}{160000}$$

❷ 160000 m=16000000 cm이므로

(창덕궁에서 청령포까지의 대동여지도에서의 거리)

$$=16000000\div160000=100\ (cm)$$

6 ❶ (실제 거리에 대한 지도에서의 거리의 비율)

$$=\frac{1}{3500}$$이므로

(축구장의 실제 가로)

$$=3\times3500=10500\ (cm)\ ➡\ 105\ m$$

❷ (축구장의 실제 세로)

$$=2\times3500=7000\ (cm)\ ➡\ 70\ m$$

❸ (축구장의 실제 넓이)=105×70=7350 (m²)

1 8 %	**2** 485 g
3 15 %	**4** 자유 은행
5 B 통장	**6** 714000원

1 ❶ (소금물 양)

$$=230+20=250\ (g)$$

❷ (소금물 양에 대한 소금 양의 비율)

$$=\frac{20}{250}\times100=8\ ➡\ 8\ \%$$

2 ❶ 3 % ➡ $\frac{3}{100}$이므로

(필요한 설탕 양)=$500\times\frac{3}{100}=15$ (g)이다.

❷ (필요한 물의 양)

$$=500-15=485\ (g)$$

3 ❶ (전체 소금 양)

$$=28+32=60\ (g)$$

❷ (새로 만든 소금물 양)

$$=340+60=400\ (g)$$

❸ (새로 만든 소금물의 소금물 양에 대한 소금 양의 비율)=$\frac{60}{400}\times100=15\ ➡\ 15\ \%$

4

전략
이자를 먼저 구한 후 원금에 대한 이자의 비율인 이자율을 구하자.

❶ 희망 은행: (이자)=26만−25만=1만 (원)

$(\text{이자율})=\dfrac{1만}{25만}\times100=4$ ➡ 4 %

❷ 자유 은행: (이자)=42만−40만=2만 (원)

$(\text{이자율})=\dfrac{2만}{40만}\times100=5$ ➡ 5 %

❸ 4 %<5 %이므로 이자율이 더 높은 은행은 자유 은행이다.

5 ❶ A 통장: (이자)=159만−150만=9만 (원)

$(\text{이자율})=\dfrac{9만}{150만}\times100=6$ ➡ 6 %

❷ B 통장: (이자)=103만−100만=3만 (원)

$(\text{이자율})=\dfrac{3만}{100만}\times100=3$ ➡ 3 %

❸ 6 %>3 %이므로 이자율이 더 낮은 통장은 B 통장이다.

6 ❶ (이자)=306000−300000=6000(원)

$(\text{이자율})=\dfrac{6000}{300000}\times100=2$ ➡ 2 %

❷ (1년 동안 700000원을 예금할 때의 이자)
=700000×0.02=14000(원)

❸ (1년 후에 찾을 수 있는 돈)
=700000+14000=714000(원)

참고
은행에 예금하고 1년 후에 찾을 수 있는 돈은 예금한 원금에 1년 동안의 이자를 더한 금액이다.

3주 4일 복습   27~28 쪽

1 170만 원	**2** 50000원
3 118만 원	**4** 3168 g
5 5244개	**6** 7400개

1 ❶ 136만 원은 원래 가격의 80 %와 같다.

❷ 80 %는 10 %의 8배이므로
(원래 가격의 10 %)
=136만÷8=17만 (원)이다.

❸ (원래 가격)=17만×10=170만 (원)

---

2 ❶ 70000원은 도매점에서 사 온 아이스크림 가격의 140 %와 같다.

❷ 140 %는 10 %의 14배이므로
(도매점에서 사 온 아이스크림 가격의 10 %)
=70000÷14=5000(원)이다.

❸ (도매점에서 사 온 아이스크림의 전체 가격)
=5000×10=50000(원)

3 ❶ (정가)=800만+800만×$\dfrac{35}{100}$
=800만+280만=1080만 (원)

❷ (할인하여 판매한 가격)
=1080만−1080만×$\dfrac{15}{100}$=918만 (원)

❸ (이익)=918만−800만=118만 (원)

4 ❶ (6월의 1인당 평균 쓰레기 배출량의 12 %)
=4000×$\dfrac{12}{100}$=480 (g)

(7월의 1인당 평균 쓰레기 배출량)
=4000−480=3520 (g)

❷ (7월의 1인당 평균 쓰레기 배출량의 10 %)
=3520×$\dfrac{10}{100}$=352 (g)

(8월의 1인당 평균 쓰레기 배출량)
=3520−352=3168 (g)

5 ❶ (9월 생산량의 20 %)
=3800×$\dfrac{20}{100}$=760(개)

(10월 생산량)
=3800+760=4560(개)

❷ (10월 생산량의 15 %)
=4560×$\dfrac{15}{100}$=684(개)

(11월 생산량)
=4560+684=5244(개)

6 ❶ (3월 판매량의 50 %)
=2000×$\dfrac{50}{100}$=1000(개)

(4월 판매량)
=2000+1000=3000(개)

❷ (4월 판매량의 20 %)
=3000×$\dfrac{20}{100}$=600(개)

(5월 판매량)
=3000−600=2400(개)

❸ 2000+3000+2400=7400(개)

3주 5일 복습 29~30쪽

1 148유로	**2** 50752원
3 2889명, 2880명	**4** A 지역, 215 t

1 ❶ 할인받는 수수료는 10원의 30 %이므로 3원이다.
(필요한 우리나라 돈)=1350−3=1347(원)

❷ 200000÷1347=148…644이므로 200000원으로 148유로까지 바꿀 수 있다.

2 ❶ 할인받는 수수료는 30원의 20 %이므로 6원이다. 100엔을 1000원에서 수수료 30−6=24(원)을 뺀 976원으로 바꿀 수 있다.

❷ 100엔을 976원으로 바꿀 수 있으므로 5200엔은 976×52=50752(원)을 받을 수 있다.

3 ❶ 작년에 남자 수의 여자 수에 대한 비가 9 : 10이므로 작년 마을 인구 수에 대한 남자 수의 비는 9 : 19 이다.

❷ 작년 남자 수를 □명이라고 하면
$\dfrac{9}{19}=\dfrac{\square}{5700}$에서 □=2700이다.
➡ 작년 남자 수: 2700명
작년 여자 수: 5700−2700=3000(명)

❸ 올해 남자 수: $2700+2700\times\dfrac{7}{100}=2889$(명)

올해 여자 수: $3000-3000\times\dfrac{4}{100}=2880$(명)

4 ❶ 작년에 B 지역의 쌀 생산량에 대한 A 지역의 쌀 생산량의 비가 4 : 3이므로 작년 두 지역의 쌀 생산량에 대한 A 지역의 쌀 생산량의 비는 4 : 7 이다.

❷ 작년 A 지역의 쌀 생산량을 □t이라고 하면
$\dfrac{4}{7}=\dfrac{\square}{3500}$에서 □=2000이다.
➡ 작년 A 지역의 쌀 생산량: 2000 t
작년 B 지역의 쌀 생산량:
3500−2000=1500 (t)

❸ 올해 A 지역의 쌀 생산량:
$2000-2000\times\dfrac{6}{100}=2000-120=1880$ (t)

올해 B 지역의 쌀 생산량:
$1500+1500\times\dfrac{11}{100}=1500+165=1665$ (t)

❹ 1880 t>1665 t이므로 올해 쌀 생산량은 A 지역이 1880−1665=215 (t) 더 많다.

4주 각기둥과 각뿔 / 직육면체의 부피와 겉넓이

4주 1일 복습 31~32쪽

1 3개	**2** 9개
3 6개	**4** 424 cm
5 78 cm	**6** 468 cm

1 ❶ 각기둥의 한 밑면의 변의 수를 □개라 하면 모서리가 15개이므로 □×3=15, □=5이다.

❷ (면의 수)=5+2=7(개)
(꼭짓점의 수)=5×2=10(개)

❸ 7<10이므로
(꼭짓점의 수)−(면의 수)=10−7=3(개)이다.

> **참고**
> • (각기둥의 면의 수)=(한 밑면의 변의 수)+2
> • (각기둥의 모서리 수)=(한 밑면의 변의 수)×3
> • (각기둥의 꼭짓점의 수)=(한 밑면의 변의 수)×2

2 ❶ 각뿔의 밑면의 변의 수를 □개라 하면 꼭짓점이 11개이므로 □+1=11, □=10이다.

❷ (면의 수)=10+1=11(개)
(모서리의 수)=10×2=20(개)

❸ 11<20이므로
(모서리의 수)−(면의 수)=20−11=9(개)이다.

> **참고**
> • (각뿔의 면의 수)=(밑면의 변의 수)+1
> • (각뿔의 모서리의 수)=(밑면의 변의 수)×2
> • (각뿔의 꼭짓점의 수)=(밑면의 변의 수)+1

3 ❶ 각뿔의 밑면의 변의 수를 □개라 하면 면의 수는 (□+1)개, 꼭짓점의 수는 (□+1)개이므로 □+1+□+1=8이다.

❷ □+□=6, □=3 ➡ 밑면의 변의 수: 3개

❸ (모서리의 수)=3×2=6(개)

4 ❶ 밑면이 정팔각형이므로 각뿔의 이름은 팔각뿔이다.

❷ 길이가 18 cm인 모서리는 8개, 길이가 35 cm인 모서리는 8개이다.

❸ (각뿔의 모든 모서리의 길이의 합)
=18×8+35×8=144+280=424 (cm)

5 ❶ 밑면이 정육각형이므로 각기둥의 이름은 육각기둥이다.

❷ 길이가 5 cm인 모서리는 12개, 길이가 3 cm인 모서리는 6개이다.

❸ (각기둥의 모든 모서리의 길이의 합)
$$=5\times12+3\times6$$
$$=60+18=78 \text{ (cm)}$$

6 ❶ 밑면이 정구각형이므로 각기둥의 이름은 구각기둥이다.

❷ 길이가 16 cm인 모서리는 18개, 길이가 20 cm인 모서리는 9개이다.

❸ (각기둥의 모든 모서리의 길이의 합)
$$=16\times18+20\times9$$
$$=288+180=468 \text{ (cm)}$$

4주 2일 복습 **33~34쪽**

1 24개	**2** 6개
3 9개	**4** 9 cm
5 14 cm	**6** 12 cm

1 ❶ 각기둥의 한 밑면의 변의 수 구하기

각기둥의 한 밑면의 변의 수를 □개라 하면 면이 14개이므로 □+2=14, □=12이다.

❷ 각기둥과 밑면의 모양이 같은 각뿔의 이름 구하기

한 밑면의 변의 수가 12개이므로 각기둥의 이름은 십이각기둥이고 이 각기둥과 밑면의 모양이 같은 각뿔은 십이각뿔이다.

❸ 위 ❷에서 찾은 각뿔의 모서리의 수 구하기

(십이각뿔의 모서리의 수)=12×2=24(개)

> 참고
> • 밑면이 ■각형인 각뿔은 ■각뿔이고, 한 밑면이 ■각형인 각기둥은 ■각기둥이다.

2 ❶ 각뿔의 밑면의 변의 수를 □개라고 하면 모서리가 8개이므로 □×2=8, □=4이다.

❷ 밑면의 변의 수가 4개이므로 각뿔의 이름은 사각뿔이고 이 각뿔과 밑면의 모양이 같은 각기둥은 사각기둥이다.

❸ (사각기둥의 면의 수)=4+2=6(개)

3 ❶ 각기둥의 한 밑면의 변의 수를 □개라 하면 면의 수는 (□+2)개, 모서리의 수는 (□×3)개, 꼭짓점의 수는 (□×2)개이므로
□+2+□×3+□×2=50, □×6+2=50,
□×6=48, □=8이다.

❷ 한 밑면의 변의 수가 8개이므로 각기둥의 이름은 팔각기둥이고 이 각기둥과 밑면의 모양이 같은 각뿔은 팔각뿔이다.

❸ (팔각뿔의 꼭짓점의 수)=8+1=9(개)

4 ❶ 각기둥의 밑면의 한 변의 길이를 □ cm라 하면 길이가 □ cm인 모서리가 8×2=16(개) 있고,

❷ 길이가 12 cm인 모서리가 8개 있다.

❸ (각기둥의 모든 모서리의 길이의 합)
$$=\square\times16+12\times8=240,$$
□×16+96=240, □×16=144,
□=9이므로 밑면의 한 변의 길이는 9 cm이다.

> 참고
> (■각기둥의 모든 모서리의 길이의 합)
> =(한 밑면의 둘레)×2+(높이)×■

5 ❶ 각기둥의 높이를 □ cm라 하면 길이가 8 cm인 모서리가 6×2=12(개) 있고,

❷ 길이가 □ cm인 모서리가 6개 있다.

❸ (각기둥의 모든 모서리의 길이의 합)
$$8\times12+\square\times6=180,$$
96+□×6=180, □×6=84,
□=14이므로 각기둥의 높이는 14 cm이다.

6 ❶ 꼭짓점마다 연결하는 데 사용한 철사의 길이의 합 구하기

삼각뿔이므로 꼭짓점은 4개이고 꼭짓점마다 연결하는 데 사용한 철사의 길이는 모두 2×4=8 (cm)이다.

❷ 각뿔의 모든 모서리의 길이의 합 구하기

(각뿔의 모든 모서리의 길이의 합)
$$=80-8=72 \text{ (cm)}$$

❸ 각뿔의 모서리의 길이 구하기

삼각뿔의 모든 면이 정삼각형이므로 모든 모서리의 길이가 같다. 한 모서리의 길이를 □ cm라 하면 □×6=72, □=12이다.

4주 3일 복습 35~36쪽

1 54개	**2** 392개
3 4 cm	**4** 410 cm^2
5 600 cm^2	**6** 798 cm^2

1 ❶ (가로로 놓는 나무 블록의 수)
$=9÷9=1$(개)
(세로로 놓는 나무 블록의 수)
$=9÷3=3$(개)
(높이로 쌓는 나무 블록의 수)
$=36÷2=18$(개)
❷ (상자에 담을 수 있는 나무 블록의 수)
$=1×3×18=54$(개)

> **참고**
> 직육면체 모양의 상자에 담을 수 있는 직육면체 모양의 물건의 수는 가로, 세로, 높이로 놓는 물건의 수를 각각 곱하여 구할 수 있다.

2 ❶ (가로로 놓는 비누의 수)
$=28÷7=4$(개)
(세로로 놓는 비누의 수)
$=28÷4=7$(개)
(높이로 쌓는 비누의 수)
$=28÷2=14$(개)
❷ (상자에 담을 수 있는 비누의 수)
$=4×7×14=392$(개)

3 ❶ 플라스틱 통의 1층에 놓는 백설기의 수 구하기
(가로로 놓는 백설기의 수)
$=24÷8=3$(개)
(세로로 놓는 백설기의 수)
$=24÷6=4$(개)
➡ (1층에 놓는 백설기의 수)
$=3×4=12$(개)
❷ 1층에 놓는 백설기 수를 이용하여 백설기를 몇 층으로 쌓았는지 구하기
(담은 전체 백설기의 수)÷(1층에 놓는 백설기의 수)
$=72÷12=6$(층)
❸ (백설기의 높이)
$=$(플라스틱 통의 높이)÷(백설기를 쌓은 층수)
$=24÷6=4$ (cm)

4 ❶ 직육면체의 겨냥도:

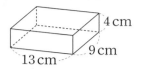

❷ (직육면체의 겉넓이)
$=(13×9+13×4+9×4)×2$
$=205×2=410$ (cm^2)

> **다르게 풀기**
> ❷ (직육면체의 겉넓이)
> $=(13×9)×2+(13+9+13+9)×4$
> $=234+176=410$ (cm^2)

5
> **전략**
> 1 m$=100$ cm임을 이용하여 큐브의 한 모서리의 길이를 cm 단위로 바꾸어 큐브의 겉넓이를 구하자.

❶ (큐브의 한 모서리의 길이)
$=\dfrac{1}{10}$ m$=0.1$ m ➡ 10 cm
❷ (큐브의 겉넓이)$=10×10×6=600$ (cm^2)

> **참고**
> (정육면체의 겉넓이)$=$(한 면의 넓이)$×6$

6 ❶ 태블릿의 부피를 이용하여 태블릿의 세로 구하기
태블릿의 세로를 □ cm라 하면
$24×□×1=360$, □$=15$이다.
❷ 태블릿의 겉넓이 구하기

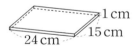

(태블릿의 겉넓이)
$=(24×15+24×1+15×1)×2$
$=399×2=798$ (cm^2)

> **다르게 풀기**
> ❷ (태블릿의 겉넓이)
> $=(24×15)×2+(24+15+24+15)×1$
> $=720+78$
> $=798$ (cm^2)

> **참고**
> 직육면체의 겉넓이를 구하는 방법
> **방법1** 여섯 면의 넓이의 합을 구한다.
> **방법2** 한 꼭짓점에서 만나는 세 면의 넓이의 합을 구하여 2배 한다.
> **방법3** 옆면과 두 밑면의 넓이의 합으로 구한다.

4주 4일 복습 37~38쪽

1 343 cm^3	**2** 3 cm	**3** 475 cm^3
4 1620 cm^2	**5** 1664 cm^2	**6** 162 cm^2

1 ❶ (만든 정육면체의 한 면의 넓이)
$=294 \div 6 = 49$ (cm^2)
❷ 정육면체의 한 모서리의 길이를 □ cm라 하면
□ × □ = 49이므로 $7 \times 7 = 49$에서 □ = 7이다.
❸ (정육면체의 부피) $= 7 \times 7 \times 7 = 343$ (cm^3)

2 ❶ (새로 만든 정육면체의 한 면의 넓이)
$= 864 \div 6 = 144$ (cm^2)
❷ 새로 만든 정육면체의 한 모서리의 길이를 □ cm
라 하면 □ × □ = 144이므로 $12 \times 12 = 144$에서
□ = 12이다.
❸ 처음 정육면체의 한 모서리의 길이는
$12 \div 4 = 3$ (cm)이다.

3 ❶ (만든 정육면체의 한 면의 넓이)
$= 150 \div 6 = 25$ (cm^2)
❷ 정육면체의 한 모서리의 길이를 □ cm라 하면
□ × □ = 25이므로 $5 \times 5 = 25$에서 □ = 5이다.
❸ 두부의 가장 짧은 모서리의 길이는 5 cm이므로
(가장 큰 정육면체를 잘라 내고 남은 부분의 부피)
$= 12 \times 10 \times 5 - 5 \times 5 \times 5$
$= 600 - 125 = 475$ (cm^3)

4 ❶ (쌓기나무의 한 면의 넓이) $= 9 \times 9 = 81$ (cm^2)
❷ (겉면을 이루는 쌓기나무 면의 수) = 20개
❸ (입체도형의 겉넓이) $= 81 \times 20 = 1620$ (cm^2)

5 ❶ 쌓기나무의 한 모서리의 길이를 □ cm라 하면
□ × □ × □ = 512, □ = 8이다.
(쌓기나무의 한 면의 넓이) $= 8 \times 8 = 64$ (cm^2)
❷ (겉면을 이루는 쌓기나무 면의 수) = 26개
❸ (입체도형의 겉넓이) $= 64 \times 26 = 1664$ (cm^2)

6 ❶ 쌓기나무의 개수는 1층에 3개, 2층에 1개로 모두
4개이다.
(쌓기나무 한 개의 부피) $= 108 \div 4 = 27$ (cm^3)
❷ 쌓기나무의 한 모서리의 길이를 □ cm라 하면
□ × □ × □ = 27, □ = 3이다.
(쌓기나무의 한 면의 넓이) $= 3 \times 3 = 9$ (cm^2)
❸ (겉면을 이루는 쌓기나무 면의 수) = 18개
❹ (입체도형의 겉넓이) $= 9 \times 18 = 162$ (cm^2)

4주 5일 복습 39~40쪽

1 184개	**2** 452개
3 160 cm^3	**4** 1050 cm^3

1 ❶ (꼭짓점을 제외한 한 모서리에 붙일 붙임딱지의 수)
$= 93 \div 3 - 1 = 30$(개)
❷ 삼각뿔의 모서리는 6개이므로
(꼭짓점을 제외한 모든 모서리에 붙일 붙임딱지의 수)
$= 30 \times 6 = 180$(개)이다.
❸ 삼각뿔의 꼭짓점은 4개이므로
(필요한 붙임딱지의 수) $= 180 + 4 = 184$(개)이다.

2 ❶ (꼭짓점을 제외한 한 모서리에 붙일 붙임딱지의 수)
$= 152 \div 4 - 1 = 37$(개)
❷ 사각기둥의 모서리는 12개이므로
(꼭짓점을 제외한 모든 모서리에 붙일 붙임딱지의 수)
$= 37 \times 12 = 444$(개)이다.
❸ 사각기둥의 꼭짓점은 8개이므로
(필요한 붙임딱지의 수) $= 444 + 8 = 452$(개)이다.

3 ❶ (순금 덩어리 1개를 넣었을 때 높아진 물의 높이)
$= 23.5 - 20 = 3.5$ (cm)
➡ (순금 덩어리 1개의 부피)
$= 12 \times 10 \times 3.5 = 420$ (cm^3)
❷ (금반지 3개를 넣었을 때 높아진 물의 높이)
$= 30 - 23.5 = 6.5$ (cm)
➡ (금반지 1개의 부피)
$= 12 \times 10 \times 6.5 \div 3 = 260$ (cm^3)
❸ (순금 덩어리 1개의 부피) − (금반지 1개의 부피)
$= 420 - 260 = 160$ (cm^3)

4 ❶ (수초 3개를 넣었을 때 높아진 물의 높이)
$= 17 - 15 = 2$ (cm)
➡ (수초 1개의 부피)
$= 30 \times 30 \times 2 \div 3 = 600$ (cm^3)
❷ (유목 2개를 넣었을 때 높아진 물의 높이)
$= 18 - 17 = 1$ (cm)
➡ (유목 1개의 부피)
$= 30 \times 30 \times 1 \div 2 = 450$ (cm^3)
❸ (수초 1개의 부피) + (유목 1개의 부피)
$= 600 + 450 = 1050$ (cm^3)